Antoine Mitte Mbeang Beyeme

Déficit d'ouvriers: effet sur la production de la palmeraie de makouké

Antoine Mitte Mbeang Beyeme

Déficit d'ouvriers: effet sur la production de la palmeraie de makouké

Impact de l'insuffisance de main d'oeuvre sur la production de la palmeraie de makouké

Presses Académiques Francophones

Impressum / Mentions légales

Bibliografische Information der Deutschen Nationalbibliothek: Die Deutsche Nationalbibliothek verzeichnet diese Publikation in der Deutschen Nationalbibliografie; detaillierte bibliografische Daten sind im Internet über http://dnb.d-nb.de abrufbar.
Alle in diesem Buch genannten Marken und Produktnamen unterliegen warenzeichen-, marken- oder patentrechtlichem Schutz bzw. sind Warenzeichen oder eingetragene Warenzeichen der jeweiligen Inhaber. Die Wiedergabe von Marken, Produktnamen, Gebrauchsnamen, Handelsnamen, Warenbezeichnungen u.s.w. in diesem Werk berechtigt auch ohne besondere Kennzeichnung nicht zu der Annahme, dass solche Namen im Sinne der Warenzeichen- und Markenschutzgesetzgebung als frei zu betrachten wären und daher von jedermann benutzt werden dürften.

Information bibliographique publiée par la Deutsche Nationalbibliothek: La Deutsche Nationalbibliothek inscrit cette publication à la Deutsche Nationalbibliografie; des données bibliographiques détaillées sont disponibles sur internet à l'adresse http://dnb.d-nb.de.
Toutes marques et noms de produits mentionnés dans ce livre demeurent sous la protection des marques, des marques déposées et des brevets, et sont des marques ou des marques déposées de leurs détenteurs respectifs. L'utilisation des marques, noms de produits, noms communs, noms commerciaux, descriptions de produits, etc, même sans qu'ils soient mentionnés de façon particulière dans ce livre ne signifie en aucune façon que ces noms peuvent être utilisés sans restriction à l'égard de la législation pour la protection des marques et des marques déposées et pourraient donc être utilisés par quiconque.

Coverbild / Photo de couverture: www.ingimage.com

Verlag / Editeur:
Presses Académiques Francophones
ist ein Imprint der / est une marque déposée de
AV Akademikerverlag GmbH & Co. KG
Heinrich-Böcking-Str. 6-8, 66121 Saarbrücken, Deutschland / Allemagne
Email: info@presses-academiques.com

Herstellung: siehe letzte Seite /
Impression: voir la dernière page
ISBN: 978-3-8416-2159-7

Copyright / Droit d'auteur © 2013 AV Akademikerverlag GmbH & Co. KG
Alle Rechte vorbehalten. / Tous droits réservés. Saarbrücken 2013

Mémoire de fin de cycle

*Présenté et soutenu le 13 mars 2009
par :*

MBEANG BEYEME Antoine Mitte

*Pour l'obtention du diplôme d'Ingénieur Agronome
Option : Productions Végétales*

Sixième promotion des ingénieurs agronomes de l'Institut National Supérieur d'Agronomie et de Biotechnologies (INSAB), de l'Université des Sciences et Techniques de Masuku (USTM).
Stage effectué à la palmeraie de Makouké dans la province du Moyen-Ogooué, exploitée par la Société d'Investissement pour l'Agriculture Tropicale (SIAT Gabon)

Dédicaces

Aux agronomes sortis de l'Institut National Supérieur d'Agronomie et de Biotechnologies et à toute personne dont ce travail sera utile.

A mon fils Méthogo Mbeang et à mes amis du groupement d'intérêt économique *Dream Team*.

A la communauté des étudiants catholiques de l'Université des Sciences et Techniques de Masuku et à la chorale *"la voix des anges"* de la paroisse *Notre Dame de l'Espérance* de Franceville.

Remerciements

Qu'il nous soit permis, en premier lieu, de rendre grâce à Dieu Tout Puissant qui a voulu l'accomplissement de ce long projet d'étude.

Maintenant que la gloire a été rendue à Dieu, notre reconnaissance va aux personnes directement impliquées dans la réalisation de ce travail. Qu'elles trouvent ici l'expression de nos sincères remerciements. Il s'agit :

- des directions de l'INSAB et de SIAT-Gabon, avec l'aide de Monsieur Kumulungui Brice, Directeur des études du cycle Ingénieur des Techniques à L'INSAB et de Monsieur Essono Janvier, Directeur étude et développement à SIAT-Gabon ;

- de M. Gert Vandersmisen (Directeur des opérations) et de M. Amoh Otu (Chef de département agronomique du CAIM), pour leur ouverture et la documentation mise à notre disposition ;

- de mes superviseurs, M. Ondo Michel et M. Edzang Gaël, et de mon directeur de mémoire, Dr Ndikumana Lucien, pour leurs orientations et la bibliographie qu'ils nous ont fournie ;

- de M. Baboussougou Pierre et M. Moukoumbi Gildas, qui nous ont été d'une aide appréciable dans la rédaction du rapport ;

- de M. Nkomo Anthony, étudiant en Licence de chimie à la Faculté des Sciences de l'Université des Sciences et Techniques de Masuku, qui s'est appliqué dans la traduction en anglais du résumé de ce travail ;

- du Dr Kumulungui Brice, pour le local et tout le matériel de bureau (ordinateur, imprimante, papier,…) mis à notre disposition, pour la reproduction de ce rapport ;

- de tous les chefs d'équipes de la palmeraie de Makouké, pour leur collaboration dans la mise en place de l'étude ;

- du service informatique du CAIM, pour la logistique ;

- du corps enseignant et administratif de l'USTM en général et de l'INSAB en particulier, et de tous mes collègues, amis et connaissances de l'USTM;

- de mes frères et amis, Missanda Arsène, Ebang Ghislain et Oyono Frank, pour leur hospitalité durant la période d'instance de soutenance ;

- de mademoiselle Zang Marie Rose, pour son soutien très précieux durant la période de stage.

J'exprime aussi une profonde gratitude à l'égard de toute ma famille, qui a été d'un soutien indéniable. Il s'agit :

- de mon père Beyeme Ovono Moïse et de ma mère Ntsame Ondo Aurelie ;

- de mes tantes et oncles Mbazo'o Hélène, Koumba Anne Marie, Périne, Zang Françoise, Bikié Valentine, Ndomanéné, Zue Théophile, Mengue Ndong… ;

- de mes frères et sœurs Ezeme Blanche, Meyiè Roseline, Nka Jean, Ovono Quentin, Nfono, Ebang, Ekomo, Serge, Edou…

Enfin, que toutes les personnes dont les noms nous ont échappés et qui à quelconque moment de leur vie, nous ont apporté un soutien matériel ou moral, ou nous ont donné un conseil, ou encore ont adressé une prière en notre faveur trouvent ici notre profonde reconnaissance.

A vous tous qui avez contribué, d'une manière ou d'une autre, à faire de nous ce que nous devenons aujourd'hui, que Dieu vous bénisse et vous rende le centuple !

TABLE DES MATIERES

DEDICACES...I
REMERCIEMENTS...II
LISTE DES TABLEAUX...VI
LISTE DES FIGURES..VI
LISTE DES GRAPHIQUES..VI
LISTE DES ANNEXES...VII
SIGLES ET ABREVIATIONS..VII
RESUME..VIII
ABSTRACT..IX
INTRODUCTION..1
OBJECTIFS...3
CHAPITRE 1 : STRUCTURE D'ACCUEIL : SIAT GABON..4
   1.1. GENERALITES SUR SIAT GABON 4
     1.1.1. PRESENTATION DE SIAT GABON 4
        1.1.1.1. EXPLOITATION DU PALMIER A HUILE 4
        1.1.1.2. EXPLOITATION DE L'HEVEACULTURE 5
        1.1.1.3. EXPLOITATION DE L'ELEVAGE BOVIN 5
     1.1.2. STRATEGIES DE DEVELOPPEMENT 6
   1.2. COMPLEXE AGROINDUSTRIEL DE MAKOUKE 7
     1.2.1. LOCALISATION 7
     1.2.2. ORGANISATION ADMINISTRATIVE ET TECHNIQUE 7
        1.2.2.1. ORGANISATION ADMINISTRATIVE 9
           1.2.2.1.1. LA DIRECTION DES PLANTATIONS DU SECTEUR SUD 9
           1.2.2.1.2. LE SERVICE ADMINISTRATIF ET FINANCIER 9
           1.2.2.1.3. LES SERVICES GENERAUX 10
           1.2.2.1.4. L'HUILERIE 10
           1.2.2.1.5. LE SERVICE AGRONOMIQUE 11
        1.2.2.2. ORGANISATION TECHNIQUE 11
           1.2.2.2.1. PLANTATION 11
           1.2.2.2.2. ORGANISATION DU TRAVAIL 12
        1.2.2.3. ACTIVITES 13
           1.2.2.3.1. ACTIVITES CONNEXES..13
           1.2.2.3.2. ACTIVITES AGRONOMIQUES..14

CHAPITRE 2 : GESTION DU TRAVAIL..16
   2.1. DEFINITION 16
   2.2. LES RESSOURCES HUMAINES 16
     2.2.1. CLASSIFICATION DES TRAVAILLEURS AGRICOLES 16
     2.2.2. LES THEORIES MODERNES 17
        2.2.2.1. LA THEORIE DES RESSOURCES HUMAINES 17
        2.2.2.2. LA THEORIE DU CAPITAL HUMAIN 18
     2.2.3. LA PRATIQUE DANS LES ENTREPRISES 18
   2.3. ANALYSE DU TRAVAIL 19
     2.3.1. L'EFFICIENCE DU TRAVAIL 20
     2.3.2. LE CALCUL DU PLAN OPTIMUM DE PRODUCTION 21

	2.3.3.	ANALYSE EMPIRIQUE DES PRESTATIONS	23
2.4.		LE TRAVAIL TEMPORAIRE	24
	2.4.1.	LE CONTRAT DE TRAVAIL TEMPORAIRE	24
	2.4.2.	JUSTIFICATIONS ET LIMITES DU TRAVAIL TEMPORAIRE	25
	2.4.3.	LE RECOURS A LA MAIN-D'OEUVRE EXTERIEURE	26
2.5.		ORGANISATION DU TRAVAIL	27
	2.5.1.	LE PROBLEME DE L'ORGANISATION DU TRAVAIL	27
	2.5.2.	DIVISION DU TRAVAIL ET PRODUCTIVITE	28
	2.5.3.	SAISONNALITE DES TRAVAUX AGRICOLES	30
	2.5.4.	EVALUATION DU NOMBRE D'ACTIFS	30
	2.5.5.	LES CONDITIONS DE TRAVAIL	34
	2.5.5.1.	GESTION DES CONDITIONS DE TRAVAIL	34
	2.5.5.2.	LA DUREE DU TRAVAIL	35
	2.5.5.3.	LA REMUNERATION DU TRAVAIL	36
2.6.		ACTIVITES EN PALMERAIE MATURE ET EXIGENCES EN MAIN-D'OEUVRE	37
	2.6.1.	QUELQUES ACTIVITES D'ENTRETIEN	37
	2.6.2.	ACTIVITE DE RECOLTE	39

CHAPITRE 3 : METHODOLOGIE……………………………………………………….41

3.1.		ELEMENTS DE L'ETUDE	41
	3.1.1.	LA MAIN-D'ŒUVRE	41
	3.1.2.	LIEU DE L'EXPERIMENTATION ET ACTIVITES OBSERVEES	41
	3.1.3.	MATERIEL DE SUPPORT	42
3.2.		PARAMETRES ANALYSES	42
	3.2.1.	ELEMENTS HUMAINS	42
	3.2.2.	ELEMENTS TECHNIQUES	43
	3.2.3.	ELEMENTS DE PRODUCTION	45
3.3.		COLLECTE ET ANALYSE DES DONNEES	46

CHAPITRE 4 : RESULTATS ET DISCUSSION………………………………………….47

4.1.		RESULTATS	47
	4.1.1.	CARACTERISTIQUES DU PERSONNEL PRESTATAIRE TEMPORAIRE	47
	4.1.1.1.	EFFECTIF THEORIQUE DE LA PLANTATION	47
	4.1.1.2.	UTILISATION DE LA MAIN D'ŒUVRE	48
	4.1.2.	TRAVAUX D'ENTRETIEN: RABATTAGE, DESHERBAGE MANUEL ET ALIGNEMENT DES FEUILLES	50
	4.1.3.	ELAGAGE ET RECOLTE	59
	4.1.4.	VITESSE DE PROGRESSION DES COUPEURS ET DES PORTEURS	67
	4.1.5.	RENDEMENTS EN COUPE, PORTAGE ET CHARGEMENT DES REGIMES	71
	4.1.6.	PRODUCTIVITE PHYSIQUE (OU RENDEMENT)	79
	4.1.6.1.	CALCUL DU NOMBRE DE JOURNEES DE TRAVAIL EFFECTIVES	80
	4.1.6.2.	CALCUL DU NOMBRE D'ACTIFS DE L'EXPLOITATION	80
4.2.		DISCUSSION	82
	4.2.1.	EFFECTIF ACTUEL ET SUPERFICIE EXPLOITEE	82
	4.2.2.	PRODUCTIVITE DU TRAVAIL	82
	4.2.3.	FREQUENCES DE PASSAGES	84
	4.2.3.1.	TOUR DE RABATTAGE	84
	4.2.3.2.	TOUR DE DESHERBAGE MANUEL	84
	4.2.3.3.	TOUR D'ELAGAGE	85
	4.2.3.4.	TOUR DE RECOLTE	85
	4.2.4.	RENDEMENT DE LA RECOLTE	86
	4.2.5.	REGULARITE DE LA MAIN-D'OEUVRE	86

CONCLUSION ET RECOMMANDATIONS…………………………………………….88

CONCLUSION…………………………………………………………………………….88

RECOMMANDATIONS..90
REFERENCES BIBLIOGRAPHIQUES..93
ANNEXES..98

Liste des tableaux
Pages

Tableau 1 : Temps de travaux dans les différentes opérations d'entretien---------------------38

Tableau 2 : Rendement journalier d'un homme-jour (HJ) en récolte---------------------------40

Tableau 3 : Effectif théorique des travailleurs---47

Tableau 4: Répartition des travailleurs en fonction des principales activités--------------------49

Tableau 5 : Nombre de présents obtenus et superficies couvertes en rabattage, en désherbage manuel et en alignement des feuilles dans la palmeraie de Makouké- ------------51

Tableau 6: Tours de rabattage, de désherbage manuel et d'alignement des feuilles------------56

Tableau 7 : Nombre total de présents et superficies élaguées et récoltées en juin, juillet, août--60

Tableau 8 : Superficies moyennes journalières en élagage et récolte----------------------------64

Tableau 9: Proportion de fruits détachés collectés en septembre et octobr---------------------66

Tableau 10 : Coûts (Fcfa/palmier) pratiqués en élagage à Makouké ---------------------------67

Tableau 11: Superficies moyennes journalières en récolte (coupe et portage)-----------------69

Tableau 12: Rendements de la récolte (coupe, portage et chargement) de juin à octobre --72

Tableau 13: Rendements moyens journaliers en coupe, portage et chargement des régimes en 2008--75

Liste des figures
Figure 1 : Organigramme du complexe agroindustriel de Makouké------------------------------8

Liste des graphiques
Graphique 1: Evolution du tour mensuel de rabattage en 2008----------------------------------53

Graphique 2 Evolution du tour mensuel de désherbage manuel en 2008-----------------------54

Graphique 3: Evolution du tour mensuel d'alignement des feuilles en 2008-------------------54

Graphique 4: Evolution du tour mensuel d'élagage en 2008----------------------------------62
Graphique 5 : Evolution du tour mensuel de récolte en 2008----------------------------------63
Graphique 6 : Comparaison des superficies moyennes journalières (smj) en coupe
　　　　　　　et portage des régimes, 2008---68
Graphique 7 : Comparaison des rendements moyens journaliers en coupe,
　　　　　　　portage et chargement des régimes---76
Graphique 8 : Evolution du poids moyen (en kg) du régime, 2008----------------------------78
Graphique 9 : Variation de la durée de la coupe, du portage et du chargement
　　　　　　　Des régimes---78

Liste des annexes

Annexe 1 : Localisation des différents sites d'exploitation de SIAT
　　　　　à travers le Gabon--98
Annexe 2 : Carte de la plantation de Makouké---99
Annexe 3 : Code du travail du Gabon---100
Annexe 4 : Analyses statistiques--101

Sigles et abréviations

INSAB : Institut National Supérieur d'Agronomie et de Biotechnologies
SIAT-Gabon : Société d'Investissement pour l'Agriculture Tropicale au Gabon
CAIM : Complexe Agro-Industriel de Makouké
HJ : hommes-jour
ha : hectare
t : tonne

Résumé

Pour l'exploitation d'une superficie totale de 3846 ha que compte la palmeraie de Makouké, un effectif de 320 personnes, en incluant le taux d'absentéisme dû à des causes diverses, reste insuffisant pour la réalisation à temps de tous les travaux agricoles.

La répartition des travailleurs entre les principales activités, réalisée au mois d'août, indique un effectif de 96 personnes pour l'équipe d'entretien et 193 personnes pour l'équipe des récolteurs, avec des taux d'absentéisme respectifs de 19,24 ± 10,94 % et 28,42 ± 8,92. L'absentéisme semble plus élevé durant la période de haute production, et plus faible en basse production dans le groupe d'entretien. Alors que le contraire se produit dans le groupe des récolteurs.

Les fréquences de passages pour les opérations d'entretien sont faibles. Quant au tour de récolte, il s'élève à 1,12 ± 0,11, la valeur maximale étant enregistrée au mois d'août (période de pointe).

Ces retards relativement grands accumulés en entretien et récolte entraînent l'augmentation des coûts d'entretien et de récolte, et des pertes de production.

Mots clés : - SIAT-Gabon ; - Complexe Agroindustriel de Makouké ; - palmier à huile ; - main-d'oeuvre ; - insuffisance ; - impact ; - palmeraie ; - rabattage ; - désherbage manuel ; - élagage ; - récolte ; - chargement ; - superficie ; - rendement ; - productivité ; - perte ; - tour.

Abstract

For the farming of an area of 3846 ha that measures the palm grove of Makouké, with a total number of 320 persons, including the rate of absenteeism caused by various reasons, inadequate remainder to realize all the farming works in time.

The repartition of the workers between the main activities, realized on august, gives valued effectives of 96 persons, for the maintenance group, and 193 for the harvesters one, with the rates of absenteism in order 19,24 ± 10,94 et 28,42 ± 8,92 Absenteism seems highest during the high production's period, and lowest during the low priduction's one, in the maintenance group. Whereas the contrary is produced in the harvesters group.

Frequencies passages for the maintenance operations are also reduced. For the farming, it is 1,12 ± 0,12; the maximum value is noticed in august (rush period).

These big latenesses, relatively piled up, in maintenance and farming carry the increase of the cost of the maintenance and for the farming, and the losses of production.

Keys words: - SIAT–Gabon; - Agroindustrial complex of Makouké; - oil palm; - labor; - inadequate; - impact; - palm grove; - interline weeding; - circle weeding; - pruning; - harvesting; - loading; - area; - yield; - productivity; - loss; - round.

INTRODUCTION

L'huile de palme est aujourd'hui très courante, au point qu'elle est en passe de devenir la première production oléagineuse avec près de 25millions de tonnes par an (PINA et al, 2005). En 2000/2001, sur les 23,361millions de tonnes d'huile de palme produits dans le monde, l'Afrique n'a participé qu'à hauteur de 1,5millions de tonnes ; la Malaisie occupant la première place avec 11,9 millions de tonnes (soit 51,1%), suivie de l'Indonésie avec 7,3 millions de tonnes (soit 31,5%) (KINDELA, 2008). La filière palmier à huile en Afrique reste donc essentiellement « vivrière » et n'assure qu'un approvisionnement des marchés locaux (CHEYNS, 2004).

C'est dans cette dynamique de satisfaction de la demande locale que s'inscrit actuellement la Société d'Investissement pour l'Agriculture Tropicale (SIAT-Gabon), mettant en place des stratégies visant l'augmentation de la production de régimes, pour une couverture totale du marché national en produits oléagineux (ANONYME, 2008a).

Cette production reste, cependant, largement dépendante d'un certain nombre de facteurs. Parmi ces facteurs, 'la main d'œuvre' semble occuper une place prépondérante, dans un système d'exploitation où l'essentiel des opérations en plantation sont réalisées manuellement. La main d'oeuvre, lorsqu'elle est moindre, devient un facteur limitant, une contrainte difficile à contourner et limite le niveau de production de la plantation.

La production d'une palmeraie en rapport, outre les facteurs liés à l'environnement et à la physiologie de l'arbre, est grandement influencée par le système de gestion de la plantation. La gestion d'une palmeraie mature se résume à l'entretien des plantations et au suivi de la récolte. La mise en place d'un bon programme de gestion nécessite donc de disposer d'un effectif suffisant, en rapport avec la superficie exploitée. Ainsi, un nombre insuffisant d'ouvriers entraînerait d'énormes complications dans la réalisation des opérations d'entretien et l'organisation des tours de récolte, avec des conséquences que cela peut avoir sur la production. On peut alors constater le retard dans la fréquence de passage des différentes activités, entraînant ainsi des pertes de production.

D'où tout l'intérêt de mener une telle étude, cherchant à dégager le degré de rapprochement entre un effectif d'ouvriers supposé réduit et la productivité de la palmeraie. Cet intérêt qui d'ailleurs est davantage confirmé par les ambitions du groupe SIAT Gabon, qui compte rester incontestablement le leader de l'agro-industrie sur tout le territoire national (ANONYME, 2008a).

OBJECTIFS

L'insuffisance d'ouvriers constitue une contrainte majeure en palmeraie, conséquence d'une faible mécanisation agricole, où la presque totalité des tâches en champ sont exécutées manuellement.

Le rabattage des interlignes, l'entretien des abords immédiats des palmiers, l'élagage, la récolte (qu'il s'agisse de la coupe ou du portage), toutes ces opérations sont réalisées à la main, et nécessitent par conséquent un personnel suffisant et/ou qualifié pour faire assoir une gestion technique rigoureuse de la plantation.

L'étude que nous menons a pour but d'analyser l'insuffisance de la main d'œuvre et sa conséquence dans la palmeraie de Makouké. La démarche entreprise est d'étudier les performances de la main d'œuvre, afin de définir son rendement, par rapport à l'exploitation considérée, et pouvoir estimer les pertes susceptibles d'être enregistrées dans ces conditions.

CHAPITRE 1 : STRUCTURE D'ACCUEIL : SIAT GABON

1.1. GENERALITES SUR SIAT GABON

1.1.1. PRESENTATION DE SIAT GABON

SIAT Gabon, société d'investissement pour l'agriculture tropicale, est une société anonyme au capital de douze milliards de francs CFA (12.000.000.000 Fcfa), détenue à 97 % par le groupe belge SIAT.

Elle a été créée le 05 avril 2004, au terme du processus de privatisation des sociétés parapubliques AGROGABON, HEVEGAB et le ranch de la Nyanga.

SIAT Gabon se livre à trois principales activités, à savoir : exploitation du palmier à huile ; exploitation de l'hévéa ; exploitation de l'élevage.

1.1.1.1. EXPLOITATION DU PALMIER A HUILE

Il s'agit de la création et de l'exploitation des plantations de palmiers à huile débouchant à la fabrication de l'huile de palme brute (Palma), de l'huile de table raffinée (Cuisin'or), du savon de ménage (Pursavon) et de toilette (Pursavon Luxe).

La plantation de palmier à huile est répartie entre Bindo, Zilé et Makouké, dans la province du Moyen-Ogooué (annexe 1, p.98), et s'étend sur 6500 hectares.

Le Complexe Agroindustriel de Makouké comprend une huilerie avec une capacité de 30 tonnes de régimes par heure et une palmisterie pour l'extraction d'huile de palmiste. De l'huilerie de Makouké, l'huile rouge est ensuite transportée par barge sur le fleuve Ogooué, ou par camion citerne, vers le Complexe Industriel de Lambaréné, où se situent la raffinerie et la savonnerie.

1.1.1.2. EXPLOITATION DE L'HEVEACULTURE

Elle repose sur la création, l'exploitation des plantations d'hévéas et la transformation du latex en caoutchouc granulé.

Les plantations d'hévéa sont situées dans la province du Woleu-Ntem, notamment à Bitam (2500 ha) et Mitzic (5000 ha), et à Ekouk Kango (2000 ha) dans la province de l'Estuaire (annexe 1, p.98). Les productions de Bitam et Kango sont évacuées à l'usine de Mitzic pour y être transformées en caoutchouc granulé. L'ensemble des plantations industrielles a une capacité de production de quinze mille tonnes de caoutchouc par an. A cela s'ajoute la production villageoise des zones de Minvoul, Bitam, Oyem, Mitzic et Kango de l'ordre de deux mille tonnes par an. Le caoutchouc granulé descend par porte conteneur de Mitzic au port d'Owendo, d'où il est exporté dans le monde entier vers les fabricants de pneus.

1.1.1.3. EXPLOITATION DE L'ELEVAGE BOVIN

Elle consiste à assurer la production et la commercialisation de la viande bovine sur le territoire national.

Le Ranch Nyanga est situé dans la province de la Nyanga (annexe 1, p.98). Il s'étend sur une superficie de 100000 hectares. Le cheptel s'élève à 2000 têtes de la race Ndama. Le troupeau connaît une croissance de 30 % par an.

Toutes ces activités mobilisent un effectif variant de mille cinq cent à deux mille personnes selon les saisons et les périodes de récolte des produits.

1.1.2. STRATEGIES DE DEVELOPPEMENT

Dans le domaine du palmier à huile, il sera procédé à l'extension de six mille hectares de plantations, au replanting et à la construction d'une nouvelle huilerie afin de faire face à la production qui découlera de ces plantations, et à la demande du marché.

Au niveau de l'hévéaculture, la superficie devrait être augmentée de quatre mille hectares dans les blocs industriels de Mitzic, Bitam et Kango. Parallèlement, le programme de plantations villageoises devrait se renforcer, conformément à la philosophie du groupe d'impliquer les populations rurales voisines dans ses activités en co-financement avec les pouvoirs publics.

Quant au secteur élevage, il est prévu une augmentation du nombre de têtes à hauteur de 20000 têtes pour la consommation locale.

1.2. COMPLEXE AGROINDUSTRIEL DE MAKOUKE

1.2.1. LOCALISATION

L'étude que nous avons menée a été réalisée dans le district de Makouké, plus précisément dans le village Makouké, où est implanté le Complexe Agroindustriel de Makouké (CAIM), qui est sous la direction de la Société d'Investissement pour l'Agriculture Tropicale au Gabon (SIAT-Gabon) et ce, depuis avril 2004.

Makouké est une partie de la province du Moyen-Ogooué, situé à 40km de Lambaréné (LIBENDE, 1994), la capitale provinciale, sur l'axe routier Bifoun – Lambaréné. Le site présente la particularité d'être situé entre le fleuve Ogooué, au Nord et la rivière Ngounié, au Sud (BOUSSOUGOU, 1996). L'accès au site nécessite alors la traversée par bac ou par pirogue ; il est également possible d'y accéder par avion, puisqu'un aérodrome y est aménagé.

1.2.2. ORGANISATION ADMINISTRATIVE ET TECHNIQUE

La figure 1 ci-après présente l'organigramme du Complexe Agroindustriel de Makouké (CAIM).

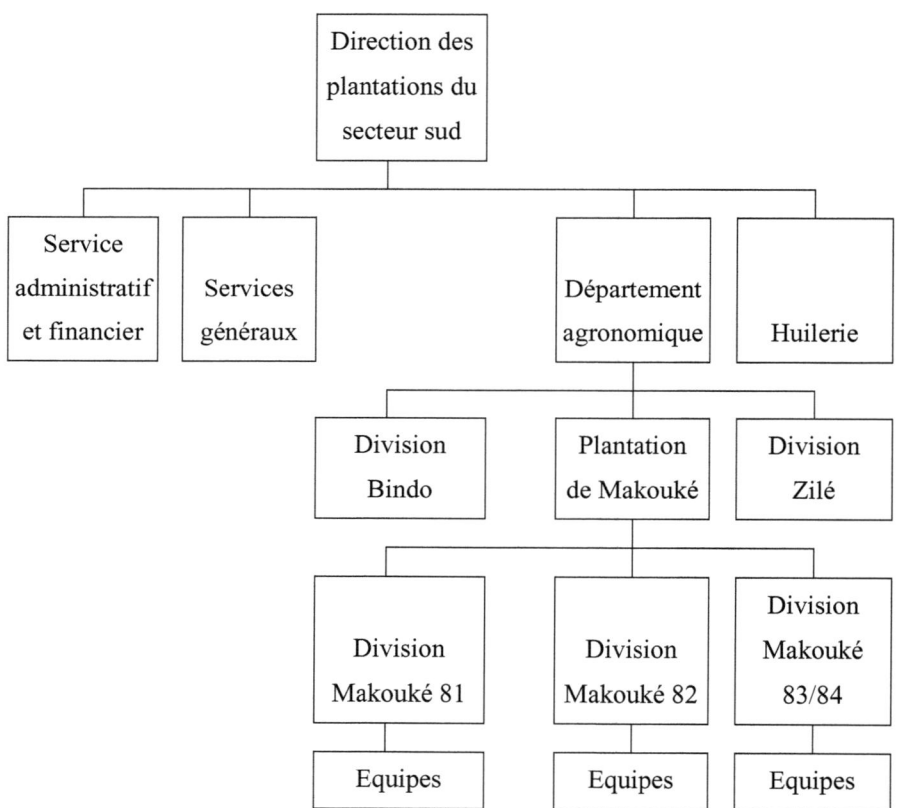

Figure 1 : Organigramme du Complexe Agroindustriel de Makouké

Nous nous sommes intéressé à ne détailler que l'organisation du service, c'est-à dire la plantation de Makouké, dans lequel nous avons mené notre étude. Il est vrai que les différentes sections entretiennent des relations étroites entre elles, toutefois, la description détaillée de l'organisation de toutes les sections du complexe ne faisant pas l'objet de notre étude, nous nous sommes de ce fait limité à la section (Département agronomique) intéressant notre travail.

Le CAIM regroupe les plantations de Bindo, Makouké et Zilé.

1.2.2.1. ORGANISATION ADMINISTRATIVE

L'organisation générale du CAIM comprend la direction des plantations du secteur sud, le service agronomique, l'huilerie, le service administratif et financier et les services généraux.

1.2.2.1.1. LA DIRECTION DES PLANTATIONS DU SECTEUR SUD

Le CAIM est géré par le directeur des plantations du secteur sud. Celui-ci veille au bon fonctionnement de tous les services du complexe, et assure la liaison avec la direction générale de Libreville.

1.2.2.1.2. LE SERVICE ADMINISTRATIF ET FINANCIER

Le service administratif et financier remplit essentiellement deux fonctions : la gestion du personnel et celle des ressources financières. A ces deux tâches on peut ajouter le service informatique, qui assure la saisie des données diverses et la gestion de la connexion Internet.

1.2.2.1.3. LES SERVICES GENERAUX

Les services généraux regroupent deux services : le garage, assurant l'entretien et la réparation des engins, camions, groupes électrogènes,... et le génie civil, qui s'occupe principalement de la menuiserie et des logements (construction, réfection, électrification, etc.).

1.2.2.1.4. L'HUILERIE

Le service de transformation (l'huilerie) a pour activité principale la production de l'huile, c'est-à-dire l'extraction de l'huile de palme rouge (contenue dans la pulpe des fruits) et de l'huile de palmiste (contenue dans l'amande).

Les véhicules (camions et tracteurs) sortant des plantations sont pesés (au pont bascule) à leur entrée et à leur sortie de l'usine. La différence entre le poids à l'entrée et le poids à la sortie donne le tonnage des régimes collectés. Les régimes, une fois déchargés, entrent dans le circuit habituel d'extraction des huiles de palme.

Le service maintenance prend en charge toutes les réparations et entretiens du matériel d'usinage.

1.2.2.1.5. LE SERVICE AGRONOMIQUE

Le secteur agronomique est géré par le chef de département agronomique, assisté du chef de division Bindo[1], du chef de division Zilé[2] et du chef de plantation Makouké.

Le chef de plantation Makouké est assisté par les trois chefs des divisions Makouké 81, Makouké 82 et Makouké 83/84. Ces derniers à leur tour travaillent de concert avec les chefs d'équipes qui sont sous leur responsabilité, pour organiser et surveiller le travail des ouvriers en plantation.

Le service agronomique assure la gestion technique de la palmeraie (suivi de la production, suivi des entretiens, de la collecte,...). Outre cette tâche, il s'occupe également des travaux d'entretien du réseau routier (réfection des pistes, aménagement des bourbiers et passages d'eau, etc.).

1.2.2.2. ORGANISATION TECHNIQUE

1.2.2.2.1. PLANTATION

La plantation de Makouké, dans laquelle s'est déroulée notre étude, couvre une superficie totale de 3846,05 hectares répartis en trois grandes unités de culture, selon les années de plantation.

---

[1] Division Bindo : superficie exploitée dans le village Bindo voisin de Makouké. Bindo et Makouké ne sont séparés que par le fleuve Ogooué.
[2] Division Zilé : superficie exploitée sur l'axe Lambaréné-Fougamou, à 15 hilomètres de Lambaréné.

La division Makouké 81 (1175.09ha), autrefois appelée Ogooué, couvre la superficie qui a été plantée en 1981. La division Makouké 82 (1174.47ha), qu'on appelait Foula, représente la surface qui a été plantée en 1982 et le bloc planté en 1987. La division Makouké 83/84 (1496.49ha), autrefois nommée Ngounié, rassemble à la fois la superficie plantée en 1983 et celle plantée en 1984 (annexe 2, p.99).

La plantation est divisée en onze bandes (de direction Est-ouest) portant des lettres de A à H et de J à L, et en dix bandes (de direction Nord-sud), numérotées de 1 à 10. Les intersections des deux bandes forment des blocs, identifiés par des lettres indicées (exemple bloc F2). Chaque bloc, de façon théorique, est constitué de quatre (4) parcelles de 25ha (L=1000m, l=250m), numérotées de 1 à 4 (dans la direction Nord-sud) et identifiées en ajoutant un second indice à la notation précédente (exemple D32). Les lignes de plantation occupent une direction Nord-sud. Les blocs sont séparés par des pistes secondaires et les parcelles, par des pistes de collecte (l'illustration est en annexe 2, p. 99).

La densité de plantation est de 143 plants à l'hectare. Les pieds de palmier sont disposés en quinconce, c'est-à-dire en triangle équilatéral de 9m de coté, les lignes étant espacées de 7,80m.

1.2.2.2.2. ORGANISATION DU TRAVAIL

Le personnel est constitué en plusieurs groupes qui sont répartis dans les trois plantations. Chaque équipe offre ses prestations dans sa zone d'affectation. Néanmoins, les ouvriers peuvent travailler hors de leur plantation.

Les équipes sont gérées par des chefs d'équipes, assistés par des pointeurs. Le chef d'équipe est chargé de donner les tâches et de surveiller la qualité du travail, tandis que le pointeur se limite simplement à relever la tâche accomplie par le travailleur dans la journée.

Le rassemblement est programmé à 6h30' dans la cour du magasin du département agronomique. C'est à cette place que les ouvriers sont embarqués dans les camions de la société ou loués.

1.2.2.2.3. ACTIVITES

1.2.2.2.3.1. ACTIVITES CONNEXES

Les activités connexes sont des travaux d'aménagement du réseau routier, afin de permettre un accès plus aisé à toutes les parcelles, pour la réalisation des différentes opérations culturales et une collecte plus efficace des régimes récoltés.

Une autre activité est celle de la construction des abris (genre de corps de garde) sur les carrefours, pour servir de places de repos et de rassemblement.

1.2.2.2.3.2. ACTIVITES AGRONOMIQUES

Les différentes opérations agricoles sont celles d'une palmeraie en rapport. Il s'agit des travaux d'entretien des plantations (rabattage, entretien des abords des palmiers, élagage, épandage des rafles…), la récolte et la collecte des régimes. Des équipes d'hommes et de femmes assurent la réalisation quotidienne de ces tâches.

Le rabattage (opération culturale dont le but est de maintenir le couvert végétal à l'intérieur des parcelles à une certaine hauteur par le débroussaillage), le désherbage manuel ou ronds manuels (sarclage des ronds de 1,5m de large autour des pieds de palmiers), l'épandage des rafles et l'alignement des feuilles (rangement soigneux des palmes lors de l'élagage) après élagage sont faits, pour une plus grande part par les femmes. Durant la période de grande saison sèche, l'épandage des rafles est confié aux nombreux scolaires, employés comme prestataires.

La récolte et l'élagage (toilettage de la couronne par la coupe des feuilles mortes et inutiles et l'enlèvement des régimes pourris et des épiphytes) sont réalisés avec des couteaux malais (faucilles montées sur des hampes en aluminium). Le portage des régimes est fait à la tête ou avec une hotte portée sur le dos. Généralement, en période de basse production, les coupeurs assurent en même temps le portage.

Un nouveau projet de réhabilitation de quelques parcelles de Makouké 81 (procéder à l'élagage des palmiers et au rabattage manuel des interlignes), non exploitées depuis plusieurs années est en cours d'exécution. Il était nécessaire de réaménager ces surfaces, afin d'augmenter la production de régimes. Aussi, certains riverains exploitaient déjà clandestinement les palmiers de cette partie de la plantation pour la production du vin de palme.

L'entretien des abords des palmiers est à la fois manuel et chimique.

La collecte des régimes est réalisée à l'aide des camions bennes et des tracteurs. L'essentiel des transports (transport du personnel et de la production) est assuré par les camions de marques Renault, Mercedes, etc.

CHAPITRE 2 : GESTION DU TRAVAIL

2.1. DEFINITION

Le travail désigne tout effort conscient et organisé, déployé par l'homme dans un but de production des biens agricoles (BUBLOT, 1974). Il est le facteur le plus important de la production agricole, parce qu'il est indissolublement associé à l'homme qui le conçoit, l'organise et l'exécute. De plus, son efficience trouve une sanction directe dans le niveau des revenus de l'exploitant (BUBLOT, 1982-1983).

2.2. LES RESSOURCES HUMAINES

2.2.1. CLASSIFICATION DES TRAVAILLEURS AGRICOLES

La classification des travailleurs agricoles est généralement basée sur quatre critères à savoir (1) la main-d'oeuvre familiale et la main-d'oeuvre non familiale, (2) les hommes et les femmes, (3) la main d'oeuvre permanente (personnes occupées à temps plein dans l'exploitation) et la main-d'œuvre non permanente (personnes occupées à temps partiel dans l'exploitation) et (4) la main-d'œuvre salariée et la main d'oeuvre non salariée. Les trois premiers critères de classification sont importants au point de vue sociologique. Le dernier s'impose cependant sous l'angle de l'économie de l'exploitation (BUBLOT, 1982-1983).

A SIAT Gabon, les travailleurs sont classés selon le troisième critère, c'est-à-dire qu'il y a la main-d'oeuvre permanente et la main-d'oeuvre non permanente.

La main-d'oeuvre permanente regroupe le personnel embauché, tandis que celle non permanente constitue la classe des ouvriers journaliers, non embauchés.

2.2.2. LES THEORIES MODERNES

Selon ENCARTA (2008a), le mouvement des relations humaines cherche à mieux cerner les motivations des hommes et à mettre en parallèle conditions de travail, styles de commandement, satisfaction des individus et rendement. Les théories modernes reposent sur trois postulats : les ressources humaines sont en général mal exploitées, l'efficacité des décisions peut être améliorée par une bonne information des travailleurs, et la satisfaction de l'individu dépend étroitement du travail accompli. Deux courants principaux se sont développés à partir de ces hypothèses : la théorie des ressources humaines et la théorie du capital humain.

2.2.2.1. LA THEORIE DES RESSOURCES HUMAINES

La théorie des ressources humaines insiste sur les besoins des travailleurs. En utilisant la classification de Maslow[3], McGregor a élaboré la notion de direction par objectif, par opposition à la direction par le contrôle, qui doit être plus satisfaisante pour les individus car ils bénéficient d'une plus grande liberté et d'un élargissement de leurs tâches. C'est cette méthode qui est en pratique au département agronomique, car les ouvriers sont employés pour diverses tâches.

---

[3] La classification de Maslow, la plus connue, distingue les besoins physiologiques, les besoins de sécurité, les besoins sociaux, les besoins d'estime (estime de soi et estime des autres) et, en dernier lieu, les besoins de réalisation personnelle.

Le contrôle est généralement fait au niveau de la qualité du travail (ENCARTA, 2008a).

2.2.2.2. LA THEORIE DU CAPITAL HUMAIN

La théorie du capital humain (celui-ci étant défini comme le stock de connaissances, de qualifications et d'aptitudes des individus) a permis quant à elle de mettre en évidence les relations entre facteur humain et développement de l'entreprise et de considérer la formation non comme un coût mais comme une source de richesses (ENCARTA, 2008a). La formation est essentiellement destinée aux équipes des récolteurs, notamment pour la coupe des régimes et l'élagage des palmiers. Elle n'a lieu qu'une fois, en début de carrière.

2.2.3. LA PRATIQUE DANS LES ENTREPRISES

La gestion des ressources humaines telle qu'elle est pratiquée dans les entreprises s'inspire plus ou moins de ces conclusions. Elle a pour objectif de traiter des quatre grands types de relations humaines que l'on trouve au sein des organisations : les relations de l'homme avec son travail, les relations de force entre les différents groupes humains, les relations hiérarchiques et les relations entre individus.

Les ressources humaines sont considérées comme un facteur déterminant dans le développement de l'entreprise, et la fonction personnelle doit alors concilier le développement de l'entreprise et celui des individus de manière optimale.

Le service du personnel remplit des tâches dans quatre grands domaines : la gestion des hommes sur un plan individuel ou collectif, la gestion des relations sociales internes et externes (relations avec les syndicats, les pouvoirs publics, etc.), les obligations légales et réglementaires auxquelles sont soumises les entreprises en matière de personnel (fiches de paie, médecine du travail, etc.) et la gestion des équipements sociaux.

Si ces réflexions sont quasi inexistantes, le service du personnel se contentera d'assurer la gestion courante du personnel, gestion qui s'organise autour de trois tâches principales : la rémunération, le recrutement et la gestion des carrières (ENCARTA, 2008a).

Le logement, ainsi que l'eau et l'électricité sont fournis aux travailleurs. La société est affiliée à la mutuelle de santé du Gabon (MUSAGAB) pour assurer les soins aux travailleurs. Néanmoins, ces derniers participent à leur santé par une cotisation mensuelle prélevée directement sur leurs salaires. Une prime de rendement est accordée aux récolteurs.

2.3. ANALYSE DU TRAVAIL

Le travail est une ressource rare et coûteuse qu'il importe de bien employer dans une exploitation et dont, de surcroît, l'efficience trouve sa sanction directe sur le niveau des revenus.

L'analyse du travail consiste dans l'étude approfondie de ce facteur selon la saison, l'activité, les tâches... Elle permet d'améliorer l'efficience du travail, d'intégrer correctement ses disponibilités lors de la détermination du plan optimum de production, et de rechercher la capacité optimum du matériel et, en conséquence, les investissements en machine (BUBLOT, 1982-1983).

2.3.1. L'EFFICIENCE DU TRAVAIL

L'*efficience* de la main-d'oeuvre est mesurée par le rapport des besoins en travail aux disponibilités en travail (CORDONNIER et *al.*, 1970).

Par *disponibilités*, il faut comprendre l'ensemble des ressources en maind'œuvre dont dispose l'exploitation pour la réalisation des travaux au cours d'une année. Elles peuvent être exprimées en unité de travail ou en journées de travail. Mais une analyse plus fine exigera souvent l'expression, beaucoup plus précise, des disponibilités en heures de travail.

Les *besoins* sont les exigences en travail requises pour accomplir l'ensemble des tâches de l'exploitation pendant une période donnée.

Il est plus commode d'exprimer les besoins et les disponibilités pour toute l'année. Mais celle-ci voit la succession de périodes pendant lesquelles le rapport entre ces deux grandeurs est fort variable. C'est pourquoi une analyse à ce niveau sera souvent nécessaire en vue d'étudier les périodes de pointes et celles de sous-emploi de travail (BUBLOT, 1982-1983).

Il semble qu'un travail minutieux visant à exprimer les besoins et les disponibilités en travail, selon les périodes de pointes, n'est pas mené. Ainsi, il n'existe pas une unité de travail, selon les différentes tâches, pour l'accomplissement des travaux en plantation ; ce qui peut avoir pour conséquence, une sous ou surexploitation de la main-d'oeuvre disponible. BUBLOT (1982-1983) pense que les besoins plus importants en période de pointe peuvent être rencontrés par des prestations journalières plus longues, le recours à des travailleurs saisonniers, l'adoption d'un matériel à plus grand rendement, le transfert aux entrepreneurs de certaines tâches spécifiques, ou le changement dans le plan de production. Quant aux périodes de sous-emploi, elles doivent constituer l'objet d'une attention tout aussi grande : elles constituent la période idéale pour accomplir les travaux dont l'exécution peut être différée.

2.3.2. LE CALCUL DU PLAN OPTIMUM DE PRODUCTION

La traduction des enchaînements possibles de travaux de l'entreprise agricole constitue l'une des opérations les plus délicates de la modélisation. C'est aussi l'une des conditions essentielles de la conformité à l'activité décrite. Le réalisme d'une solution implique nécessairement qu'on tienne compte avec le plus grand soin de ces éléments dans l'expression du déroulement des travaux (CORDONNIER et *al.*, 1970).

Selon ce dernier, ce problème est complexe, car le travail est soumis à la fois aux exigences biologiques des activités végétale et animale et aux conditions aléatoires du climat.

BUBLOT (1982-1983) relève trois problèmes successifs qu'impose l'intégration des contraintes relatives au travail dans la détermination du plan optimum de production. Ces problèmes sont (1) la détermination de la succession des tâches ou travaux élémentaires exigés par les différentes activités, (2) la recherche du temps dans lequel les tâches doivent être exécutées (temps de calendrier et heures de travail effectives) et (3) le temps nécessaire pour accomplir les différentes tâches, depuis le départ de l'exploitation jusqu'au retour à la ferme.

La détermination de la succession des tâches ou travaux élémentaires, dans la palmeraie de Makouké, est clairement définie et ne peut donc causer aucune difficulté dans la détermination du plan optimum de production. Par contre, les temps nécessaires ou les normes (prestations journalières exprimées en unité de travail UT ou en homme-jour HJ) d'accomplissement des travaux ne sont pas clairement définis. C'est ce dernier paramètre qui devra constituer l'objet d'une préoccupation toute particulière.

Afin de tenir compte du travail à temps plein et du travail à temps saisonnier, l'emploi agricole ou ses variations sont mesurés en *unité de travail annuel (UTA)*. Une *UTA* correspond à la prestation mesurée en temps de travail d'une personne qui effectue, à temps plein et pendant toute une année, des activités agricoles dans une unité agricole. On distinguera les *UTA non salariées* des *UTA salariées* (BAUTIER, 2004).

Un *homme-jour (HJ)* correspond à une norme de quantité de travail convenu qu'accomplit chaque travailleur (homme ou femme) par jour, afin de recevoir son salaire journalier. Cette norme est fixée suivant une longue expérience de l'utilisation de la main-d'oeuvre pour la même tâche et dans des conditions plus ou moins similaires (ANONYME, 2006).

1 homme-jour (HJ) = 8 heures de travail d'un homme adulte (SOSSOU et HOUNDONOUGBO, 2001).

Il n'y a de contrainte relative au travail que pendant les périodes de l'année où il est un facteur limitant ; il n'y a aucun problème pendant les périodes où il est abondant.

2.3.3. ANALYSE EMPIRIQUE DES PRESTATIONS

BUBLOT (1982-1983) définit le terme « prestations en travail » comme étant essentiellement la durée du travail humain accompli au sein d'une exploitation donnée pendant une période de 12 mois. Ces prestations en travail présentent quelques caractéristiques dont la multitude des variables indépendantes, parmi lesquelles : - la région dans laquelle se trouve l'exploitation (sol, topographie...) ; - son étendue (ha) ; - son orientation productive ; - la dimension et le rendement du matériel mis en oeuvre ; - la configuration et l'aménagement des bâtiments ; - le parcellement de l'exploitation (distance entre l'exploitation et les champs, dispersion, forme et dimension moyenne des parcelles...) ; - transfert aux entrepreneurs d'une partie des tâches ; - l'organisation des travaux... Les variations de chacun de ces facteurs expliquent sans doute la plus grande partie des variations constatées dans les prestations en travail selon les exploitations.

Si les besoins en main-d'oeuvre sont mis en relation avec un facteur, l'étendue de l'exploitation par exemple, il s'avère que la dispersion des données individuelles est très grande. Cette dispersion est essentiellement due à l'action interférente des nombreux facteurs autres que celui dont on veut dégager l'influence, en l'occurrence l'entendue ; ceci est probablement vrai pour chaque autre facteur dont on désire connaître l'influence.

2.4. LE TRAVAIL TEMPORAIRE

Le travail temporaire est une proposition de main-d'oeuvre à but lucratif par des entreprises dites intérimaires. Ces entreprises sélectionnent, embauchent, gèrent et rémunèrent des travailleurs qu'elles détachent en missions temporaires auprès des entreprises clientes. Exception à la prohibition du marchandage, le travail temporaire (ou travail intérimaire) est strictement réglementé (ENCARTA, 2008b).

Contrairement à ce qui précède, le personnel temporaire, à SIAT Gabon, n'est géré par aucune entreprise. L'individu à la recherche de l'emploi signe directement un contrat de prestation de services avec la société.

2.4.1. LE CONTRAT DE TRAVAIL TEMPORAIRE

Le travail temporaire repose non plus sur une relation contractuelle bilatérale (un salarié et un employeur), mais triangulaire, par suite d'une dissociation entre la gestion du salarié et de l'utilisation de main-d'oeuvre (un salarié, un employeur, un utilisateur de main-d'oeuvre). Le travail temporaire nécessite deux contrats : d'abord un contrat de mise à disposition entre l'entreprise de travail temporaire et l'entreprise utilisatrice — une entreprise de travail temporaire est en effet une entreprise dont l'activité exclusive est de mettre à la disposition provisoire d'utilisateurs, d'autres entreprises, des salariés embauchés et rémunérés par elle ; ensuite, un contrat de mission conclu entre l'entreprise de travail temporaire et le salarié.

Aucun emploi ne peut être pourvu durablement par un travailleur temporaire, la mission étant à durée déterminée, c'est pourquoi, si le contrat de mission dépasse la durée légale, la requalification en contrat à durée indéterminée est automatique. Toutefois, le contrat est alors supposé avoir été conclu avec l'entreprise utilisatrice et non avec l'entreprise de travail temporaire, ce qui constitue un des très rares cas de contrat forcé. Salarié précaire, le salarié intérimaire a droit à une indemnité, dite de fin de mission, égale à 10 % de sa rémunération totale brute (ENCARTA, 2008b).

Dans le cas spécifique de SIAT Gabon, le premier contrat est conclu pour une durée d'un mois, et le deuxième s'étend sur trois mois. Si l'individu, au terme du deuxième contrat, désire contracter un troisième engagement, celui-ci est conclu pour une période de six mois. Tous les contrats, dès cet instant, sont validés pour cette même durée. Cette manière de procéder est conforme à l'article 23 du code du travail en vigueur en territoire gabonais (annexe 3, p.100). Lorsque la durée de prestation dépasse la durée légale, il n'y a pas requalification en contrat à durée indéterminée, contrairement à ce qui précède et aux recommandations de l'article 24 du code du travail (annexe 3, p.100).

2.4.2. JUSTIFICATIONS ET LIMITES DU TRAVAIL TEMPORAIRE

Les entreprises ont de plus en plus recours à des prestataires de services qui permettent d'utiliser du personnel d'appoint, pour des tâches urgentes ou occasionnelles. La flexibilité de l'emploi est aujourd'hui une condition de bonne gestion. Sur le plan social, le personnel est alors « extériorisé » sous diverses formes : (1) sous-entreprise de service, c'est-à-dire sous-traitance, contrats de service... ou (2) sous-entreprise de main-d'oeuvre, c'est-à-dire marchandage, tâcheronnage, sociétés de gestion de personnel... Dans les deux cas, le risque est l'éclatement de la collectivité de salariés que forme l'entreprise, organisée et protégée par le droit du travail (ENCARTA, 2008b). Au niveau de la palmeraie de Makouké, le personnel temporaire est recruté sous la forme de contrats de service. Les travailleurs, de façon individuelle, signent un contrat de prestation de services auprès du chef de plantation.

2.4.3. LE RECOURS A LA MAIN-D'OEUVRE EXTERIEURE

Le travail constitue sans doute la ressource de l'exploitation la plus difficile à appréhender. Il s'agit d'identifier la force de travail, en distinguant la maind'œuvre familiale (ou assimilée) et la main-d'oeuvre salariée et en repérant sa disponibilité pendant l'année (ANONYME, 2002).

D'après MERIN (2001), l'on est confronté à des situations où les agriculteurs se voient de plus en plus souvent sans main-d'oeuvre pour certaines récoltes et dans le pire des cas, produisent à perte. Ainsi, si la force de travail est relativement rare par rapport aux superficies exploitables, [...] on observe des systèmes de production beaucoup plus extensifs en travail (ANONYME, 2002). D'où les agriculteurs ont recours à la main-d'oeuvre extérieure sous différentes formes pour combler le déficit en travail de leur exploitation (MBETID et GAFSI, 2002). Ce déficit, poursuivent ces derniers, se fait sentir lors de la réalisation des opérations nécessitant une équipe de travail ou lorsqu'un retard est pris dans le calendrier cultural. C'est précisément ce problème de pénurie de la force de travail extérieure qui fait l'objet d'une préoccupation toute grande de la part des techniciens de l'exploitation de Makouké, au point d'en constituer un sujet d'étude.

2.5. ORGANISATION DU TRAVAIL
2.5.1. LE PROBLEME DE L'ORGANISATION DU TRAVAIL

On rencontre, selon BONNEVIALE et *al.* (1998), deux grands types de conception de l'organisation du travail dans les exploitations, à savoir (1) une conception empirique dans laquelle la répartition du travail est mise en œuvre selon les conditions météorologiques, les capacités personnelles des actifs, et les habitudes sociales locales, et (2) une conception de type rationnel dans laquelle le responsable d'exploitation cherche à répartir les tâches de manière raisonnée et prévisionnelle, en spécialisant autant que possible les activités des personnes. C'est généralement le type empirique qui est en oeuvre dans l'exploitation de Makouké. En effet, les ouvriers sont recrutés pour tous les travaux agricoles, et souvent l'attribution des tâches tient compte des capacités des actifs.

L'auteur ajoute que, quelle que soit l'organisation à l'oeuvre sur l'exploitation, les agriculteurs cherchent avant tout à contrôler l'équilibre entre deux types de temps : le temps nécessaire et le temps disponible. *Le temps nécessaire* découle d'un système de production développé dans des conditions bioclimatiques données, et d'objectifs recherchés par ou – imposés à – l'agriculteur qui peuvent concerner le niveau de productivité, la qualité des produits, le revenu d'exploitation, les conditions de travail et de vie. *Le temps disponible* dépend du nombre de personnes présentes sur l'exploitation, de leur degré d'occupation sur l'année, et pour les actifs à temps partiel, de leurs périodes de présence au cours de l'année.

Cette organisation du travail permet de répondre à deux exigences qualitatives que sont la régularité et la différabilité des tâches. Les tâches régulières sont en général quotidiennes et les tâches irrégulières concernent les périodes exceptionnelles ou imprévisibles. Une tâche est différable quand elle peut être effectuée presque à n'importe quel moment, sans entraîner des conséquences négatives pour les objectifs définis par l'exploitant (exemple l'épandage des rafles à Makouké). A l'inverse, certaines tâches sont dites non différables parce qu'elles ne peuvent attendre sans entraîner d'effet dommageable pour les objectifs d'exploitation : c'est souvent le cas des semis, des traitements sanitaires et des récoltes.

Selon la conception de BUBLOT (1982-1983), l'organisation des travaux consiste dans l'appréciation des moments favorables à l'accomplissement des différentes tâches, la mise au point de leur ordonnancement dans le temps et leur exécution selon un plan réfléchi. Elle implique : le calcul du temps nécessaire pour accomplir une tâche définie dans des conditions données, la rationalisation des bâtiments, l'étude des temps, l'accomplissement simultané de plusieurs tâches…

2.5.2. DIVISION DU TRAVAIL ET PRODUCTIVITE

La décomposition des opérations de production en tâches limitées, chacune effectuée par un groupe différent de travailleurs, est une caractéristique des usines modernes, en application de la technique de la « chaîne de production »

(ENCARTA, 2008d). Cette organisation est particulièrement mise en place dans les opérations telles que l'élagage, où la coupe et le rangement des palmes sont réalisés par deux équipes différentes, et la récolte qui est réalisée par trois groupes distincts dont un se charge de la coupe des régimes, un autre pour leur transport aux parcs de collecte (portage) et le troisième groupe assure le ramassage des fruits détachés.

Le principal avantage de la division technique du travail est une plus grande productivité, qui résulte de plusieurs facteurs. Les plus importants sont une augmentation sensible de l'efficacité collective et individuelle ainsi que des compétences grâce à la spécialisation ; une économie de formation des travailleurs, surtout une économie de temps ; une économie découlant de l'utilisation continue des outils qui, sinon, seraient inutilisés pendant une partie de la fabrication quand les travailleurs passent d'une opération à l'autre ; et le développement d'outils, de machines et d'équipements hautement productifs et spécialisés (ENCARTA, 2008d).

La division du travail, à Makouké, est surtout entreprise pour les activités d'élagage et de récolte. En élagage, la coupe des palmes est assurée par l'équipe des récolteurs, tandis que leur rangement est confié à un autre groupe. La récolte par contre est réalisée par trois équipes (en période de basse production) ou quatre (en période de haute production) : un groupe des travailleurs s'occupe de la coupe des régimes et un autre assure leur sortie des parcelles ; un troisième groupe est chargé du ramassage des fruits détachés (qui n'a lieu qu'en période de haute production) et le quatrième groupe assure le chargement des régimes dans les camions, pour leur transport à l'usine de transformation.

2.5.3. SAISONNALITE DES TRAVAUX AGRICOLES

L'intensité du travail dans la journée varie avec les saisons. Le temps de travail disponible et le temps de travail demandé varient également avec les saisons (MBETID et GAFSI, 2002). Cette variation empêche de traiter le travail agricole comme une unité homogène sur toute l'année (REBOUL, 1988). Aussi, pour TCHAYANOV (1924), la plus grande partie du processus agricole exige à un certain moment des conditions climatiques favorables dont l'agriculteur ne bénéficie pas toujours. C'est pour cette raison que l'intensité du travail est extrêmement irrégulière au cours de l'année (MBETID et GAFSI, 2002). La période de forte demande en main-d'oeuvre coïncide surtout avec la période de haute production (juillet à décembre), où il faut disposer d'une quantité suffisante de travailleurs pour réaliser un rendement maximal en production de régimes.

L'étude menée par MERIN (2001) montre que les agriculteurs privilégient le recours à la main-d'oeuvre saisonnière. De ce fait, il est primordial d'identifier les besoins réels en main-d'oeuvre à court et à moyen terme, plutôt que d'effectuer une simple consultation des besoins qui ne les relierait pas au travail à effectuer. L'objectif c'est d'optimiser l'emploi de cette main-d'oeuvre.

2.5.4. EVALUATION DU NOMBRE D'ACTIFS

L'évaluation du nombre d'actifs agricoles peut se révéler difficile. L'activité agricole est irrégulière et présente des périodes de pointes de travail et des périodes de creux. Il y a deux manières de mesurer le nombre d'actifs participant à la production sur l'exploitation, correspondant à deux objectifs différents :

- calcul du nombre de journées de travail effectives sur l'exploitation, afin d'évaluer la productivité et le revenu de la journée de travail. Cette donnée repose sur une mesure précise effectuée à partir des différents itinéraires techniques.

$$\frac{\text{Production annuelle}}{\text{Nombre d'heures de travail}}$$

Source : ANONYME (2008b).

- calcul du nombre d'actifs de l'exploitation. Il s'agit de mesurer alors le nombre d'actifs nécessaires pour faire fonctionner l'exploitation, c'est-à-dire les actifs présents, pondérés par leur coefficient de disponibilité lors des périodes de plus forte demande en travail, les périodes de creux pouvant quand à elle être utilisées pour réaliser d'autres activités rémunératrices. Cette donnée permet d'évaluer la productivité du travail (ANONYME, 2002).

$$\frac{\text{Production annuelle}}{\text{Nombre de travailleurs employés}}$$

Source : ANONYME (2008b).

Les deux rapports ci-dessus représentent la productivité physique ou rendement, qui est le rapport entre la quantité d'un bien produit et la quantité de travail ou de capital utilisé. Ce rapport n'est possible à calculer de cette façon que pour mesurer la productivité d'une entreprise qui produit un seul type de biens, ou alors il faudra la mesurer pour chaque type de bien que produit cette entreprise (ANONYME, 2008b).

Cependant, il est rare que l'entreprise assure l'ensemble du processus de production, des matières premières jusqu'au produit fini. On utilisera alors plutôt la notion de valeur ajoutée (production – consommations intermédiaires[4]) car elle montre plus le rôle de l'entreprise dans la production du bien (ANONYME, 2008b).

Ainsi, on calcul la productivité du travail (valeur ajouté/actif ou valeur ajoutée/nombre d'heures de travail), qui permet de comparer l'efficacité économique de différents systèmes de production (ANONYME, 2002 et ANONYME, 2008b).

Un facteur ne peut être productif sans l'intervention d'un autre, ce qui conduit à estimer la productivité globale des facteurs[5] :

---

[4] Consommations intermédiaires (CI) : ce sont l'ensemble des biens et services achetés à d'autres entreprises, qui sont détruits lors du processus de production ou incorporés au produit. Elles sont très souvent nécessaires à la production (WIKIPEDIA, 2008). Les CI sont toutes les dépenses engagées pour acquérir un produit ou obtenir un résultat.

[5] Productivité globale des facteurs : la productivité multifactorielle ou productivité globale des facteurs (PGF) est l'accroissement relatif de richesse (la « croissance ») qui n'est pas expliquée par l'accroissement d'un usage des facteurs de production, le capital et le travail. Par exemple, l'ensoleillement peut permettre d'augmenter la production agricole, tous les autres facteurs étant constants par ailleurs. L'ensoleillement est donc un facteur de productivité (WIKIPEDIA, 2008).

$$\frac{\text{Valeur ajoutée}}{\text{Travail + capital + consommations intermédiaires}}$$

<u>Source</u> : ANONYME (2008b).

La mesure de cette productivité d'une entreprise ou d'un secteur économique permet (1) d'apprécier l'évolution de l'efficacité de la combinaison productive dans une entreprise ou dans un secteur économique, et (2) d'effectuer des comparaisons entre entreprises d'un même pays, ou avec des entreprises ou secteurs concurrents des pays étrangers (ANONYME, 2008b).

Une personne engagée en agriculture ne représente que quelque 0,6 UT en moyenne. La structure de l'emploi est différente selon qu'elle s'exprime en personnes employées à temps plein (UT) ou, au contraire, en nombre de personnes indépendamment de la fraction du temps que celles-ci consacrent aux activités agricoles (BUBLOT, 1982-83). Dans ce second cas, il peut être nécessaire d'établir un rapport entre l'étendue exploitée et l'effectif disponible, pour déterminer la part moyenne de superficie par ouvrier. Certains auteurs, à l'instar de RAEMAEKERS (2001) pensent qu'un travailleur agricole suffit pour l'entretien et la récolte de 5 à 6 ha de palmeraie adulte en une année. D'autres par contre estiment ce rendement annuel à 7,5 ha (DAVIDSON, 1993) ou 8 ha (CORLEY et TINKER, 2003). Il semblerait donc que ce ratio soit affecté par la variabilité géographique.

2.5.5. LES CONDITIONS DE TRAVAIL

Les conditions de travail font de plus en plus l'objet d'attention de la part des agriculteurs car elles engagent la sécurité et l'hygiène de leur travail et l'ensemble de leur mode de vie (BONNEVIALE et *al.*, 1998).

2.5.5.1. GESTION DES CONDITIONS DE TRAVAIL

La gestion des conditions de travail amène à se pencher non seulement sur l'environnement dans lequel s'exerce l'activité des salariés, mais aussi sur le contenu du travail effectué. Il s'agit en particulier de respecter la réglementation en matière d'hygiène et de sécurité, mais également, et c'est l'objet de l'ergonomie, d'analyser les charges tant physiques que morales que les individus doivent supporter ainsi que les conditions de leur activité (bruit, éclairage, etc.). Une amélioration de la nature des tâches à accomplir peut employer différentes techniques, allant de la simple rotation, qui permet d'éviter la monotonie, à une augmentation des responsabilités en passant par un élargissement des missions à réaliser (ENCARTA, 2008a). C'est cette dernière technique qui est en pratique à Makouké, étant donné que les ouvriers sont employés pour un nombre varié de tâches. Le travail s'effectuant en plantation, il est assez difficile d'apprécier les conditions d'hygiène dans cet environnement. Par contre, pour les mesures de sécurité, le département fournit des bottes, moyennant un montant (6500 FCFA) directement défalqué sur le salaire du travailleur, et les outils de travail (machettes, faucilles…), distribués gratuitement. Le travail se déroule dans un lieu d'éclairage réduit, car les feuilles de palme, bien développées et plus ou moins serrées, laissent traverser peu de lumière, et dont le seul bruit enregistré est celui des travailleurs présents et des véhicules de transport de la production.

Des places pour s'abriter de la pluie ou prendre du repos sont aménagées. Les risques auxquels sont exposés les travailleurs sont essentiellement ceux consécutifs à la présence des reptiles, à la chute des régimes (pendant la récolte) et des palmes (pendant l'élagage), aux épines des feuilles de palme... Un travailleur victime d'un accident de travail est rapidement pris en charge au niveau du centre médical.

2.5.5.2. *LA DUREE DU TRAVAIL*

La *durée du travail* désigne la longueur de la journée ou de la semaine de travail. La fixation de la durée du travail constitue un des thèmes privilégiés de la négociation sociale (ENCARTA, 2008c).

D'après la source citée ci haut, ce sont les ouvriers australiens qui entament en 1856 le mouvement pour la journée de huit heures. En 1866, la relève est prise par une organisation socialiste, la Ire Internationale, animée notamment par Karl MARX, suivie par les centrales syndicales américaine et britannique, respectivement en 1866 et en 1869. Le repos hebdomadaire est institué en 1906. À la fin de la Première Guerre mondiale, la journée de huit heures et la semaine de quarante-huit heures sont la règle dans la plupart des secteurs industriels des pays développés. L'un des facteurs expliquant cette tendance vers la réduction des journées de travail réside dans la croissance de la hausse de la productivité à mesure que le nombre d'heures diminue.

A Makouké, la journée de travail n'est pas fixe. Elle est généralement fonction de l'activité à réaliser. Elle varie de 6 heures, pour les opérations d'entretien (rabattage, désherbage manuel,...), à 10 – 11 heures, pour la récolte (coupe, chargement de régimes, …). De plus le travail est quelque fois organisé le dimanche (jour facultatif). Sur la base de cette organisation, le nombre annuel d'heures de travail prestées par un individu peut être en dessous ou largement supérieur à la norme de 2400 heures pour l'année, recommandées, pour les entreprises agricoles et assimilées, par l'article 165 du code du travail gabonais (annexe 3, p.100).

2.5.5.3. *LA REMUNERATION DU TRAVAIL*

Selon BUBLOT (1982-1983), les sommes versées aux travailleurs au titre de participation à la production peuvent être : - un coût commun, lorsque le travailleur (familial, permanent ou non permanent) fait des prestations au profit de toutes les productions de l'exploitation ou, au contraire, un coût spécifique lorsque le travailleur occasionnel (non permanent) est spécialement engagé par l'exploitant pour une production donnée, ou lorsqu'il s'agit d'accomplir, contre une rémunération forfaitaire, une tâche déterminée. Ce dernier signale que la fixation officielle des salaires intéresse trois catégories : les ouvriers salariés, les aidants familiaux et les entrepreneurs des travaux. Les salaires peuvent être fixés selon la durée du travail presté ou selon la tâche accomplie. Le premier mode convient bien pour la rémunération des ouvriers permanents dont la collaboration est requise pendant toute l'année. Mais il nécessite une certaine surveillance de la part du chef de l'exploitation, quant à la célérité avec laquelle les travaux sont accomplis. Le second mode de fixation convient surtout pour des travaux bien déterminés ne pouvant être accomplis par la main-d'œuvre permanente. Mais il exige un certain contrôle de la qualité du travail accompli. C'est ce dernier mode de paiement qui est pratiqué sur l'exploitation. Chaque travailleur perçoit une rémunération égale à la somme des prestations réalisées.

2.6. ACTIVITES EN PALMERAIE MATURE ET EXIGENCES EN MAIN-D'OEUVRE

2.6.1. QUELQUES ACTIVITES D'ENTRETIEN

Le désherbage manuel (entretien d'une couronne d'environ 1.5m de large à la base du stipe), dans des conditions très favorables, se fait une fois tous les deux mois. Cette fréquence peut être à trois (3) tours par an dans les conditions marginales (JACQUEMARD, 1995).

Le rabattage manuel des interlignes se fait au rythme d'un tour annuel (JACQUEMARD, 1995 et RAEMAEKERS, 2001).

L'élagage ou toilettage de la couronne, ainsi que la coupe des palmes âgées et peu efficaces, s'effectue pendant les périodes de faible à moyenne production au rythme d'un tour tous les 8 à 12 mois (JACQUEMARD, 1995) ou 1.5 à 2 tours par an (RAEMAEKERS, 2001). La fréquence de rotation est programmée en fonction de la vitesse d'émission foliaire. Lorsque l'intervalle entre deux passages dépasse largement 12 mois, le travail devient très difficile, exigeant en main d'œuvre donc extrêmement coûteux (DUBOS, 1993). Traitant le cas particulier du complexe agroindustriel de Makouké, DUBOS (1993) trouva que la norme d'un tour par an qui était en vigueur, était insuffisante et limitait la production en nombre de régimes et par conséquent une réduction du nombre de feuilles éliminées lors de la récolte. Par contre, l'élagage et le toilettage qui avaient été réalisés 5 mois avant, avaient pleinement atteint leur objectif, celui de faciliter la récolte, alors que sur les parcelles dont l'élagage datait de 9 mois ou plus, on relevait quelques difficultés de récolte.

L'élagage est réalisé par les équipes de récolteurs. Ces équipes peuvent être constituées pour moitié d'élagueurs, chargés de la coupe des palmes, et pour moitié de manœuvres qui assurent le rangement soigneux des palmes (JACQUEMARD, 1995).

Le tableau 1 reprend les exigences en quantité de travail.

Tableau 1 : Temps de travaux dans les différentes opérations d'entretien

Opérations	Quantité de main-d'œuvre (HJ/ha)			
	1	2	3	4
Désherbage manuel	0,2 - 0,7 0,17 - 0,4 1,5	1,83	3,0 - 6,0	
Rabattage	3,1 - 3,8	1,83		
Elagage	4,9 1,3 - 5,4 1,6 - 3,1 0,7	2,75		0,3 - 1,3

Source : 1. CORLEY et TINKER (2003) ; 2. ANONYME (2008c) ; 3. JACQUEMARD (1998);
4. RANKINE et FAIRHURST (1998).

Les contrats journaliers de travail (tâches journalières/ouvrier) dans ces différentes activités ne sont plus en vigueur à la palmeraie de Makouké. Chaque ouvrier décide de la quantité de travail à prester pour une journée de travail.

2.6.2. ACTIVITE DE RECOLTE

Pour assurer une bonne qualité de la récolte, il faut prévoir 2 à 4 tours de récolte mensuels lorsque la production est soutenue (plus de 800 kg/ha/mois) et 1,5 à 2 tours lorsqu'elle est plus faible (JACQUEMARD, 1995). L'auteur signale que dans la pratique et pour des raisons souvent techniques (capacité d'usinage, de transport de la récolte, des disponibilités du personnel) il est fréquent de constater l'inverse : les planteurs ont des difficultés à atteindre 2 tours en pointe, ce qui augmente fortement la proportion de fruits détachés, les risques d'acidité de l'huile et les coûts de la récolte.

On estime au stade adulte une norme d'une tonne de régimes par HJ de récolte. Cette tâche journalière de récolte varie en fonction du rendement et des distances à parcourir par le récolteur (RAEMAEKERS, 2001). Les causes de pertes sont diverses : mauvaise qualité du travail du personnel, problème de gestion (retard d'élagage, ronds non désherbés, recru végétal dense, etc.) (JACQUEMARD, 1995).

En sortie manuelle, la capacité journalière de récolte et sortie de régimes et fruits détachés est de 600 à 2200 kg en culture adulte (JACQUEMARD, 1995).

Le tableau 2 reprend la productivité moyenne d'un homme-jour (HJ) en récolte.

Les besoins en main-d'oeuvre présentent une grande variabilité : ils vont de 0,75 HJ/ha (ANONYME, 2008c) à 4 – 8,5 HJ/ha (CORLEY et TINKER, 2003).

Tableau 2 : Rendement journaliers d'un homme-jour (HJ) en récolte

	Rendement (en tonnes) d'un HJ récolteur				
	1	2	3	4	5
Coupe + portage	0,95 0,87 1,04	1		3 - 4,8 3,5 - 5,5 2,3 1,9 1,7	1,2 - 2
Portage + fruits détachés			0,6 - 2,2		
Chargement	6,05 5,08 7,26				

Source : 1. DUBOS (1993) ; 2. RAEMAEKERS (2001) ; 3. JACQUEMARD (1995) ; 4. CORLEY et TINKER (2003) ; 5. RANKINE et FAIRHURST (1998).

A la palmeraie de Makouké, le salaire journalier d'un récolteur dépend du nombre de régimes coupés (60 FCFA/régime coupé) ou portés (30 FCFA/régime porté), qui reste à l'appréciation de ce dernier. De ce fait, les exigences en travail ou tâches journalières par ouvrier ne sont pas définies.

CHAPITRE 3 : METHODOLOGIE
3.1. ELEMENTS DE L'ETUDE
3.1.1. LA MAIN-D'ŒUVRE

Le personnel faisant l'objet de notre préoccupation est la main d'œuvre utilisée par SIAT dans la palmeraie de Makouké. Il s'agit essentiellement des ouvriers temporaires réalisant les travaux courants dans ladite palmeraie. Cette main d'œuvre est constituée d'hommes et de femmes, de nationalités diverses, dont l'âge minimum est de 18 ans.

3.1.2. LIEU DE L'EXPERIMENTATION ET ACTIVITES OBSERVEES

L'étude se déroule dans la palmeraie de Makouké. Celle-ci est subdivisée en trois zones, selon l'âge des palmiers. Ces trois zones sont (1) Makouké 81, d'une superficie de 1175,09 ha, qui regroupe les palmiers âgés de 27 ans, (2) Makouké 82, de 1174,47 ha de superficie, dont les palmiers sont âgés de 26 ans, et (3) Makouké 83/84, avec une surface de 1496,49 ha, regroupant les palmiers vieux de 24 et 25 ans.

Les différentes activités ayant retenu notre attention sont celles qui sont régulièrement pratiquées dans la plantation. Ces activités sont (1) le rabattage manuel des interlignes, (2) le désherbage manuel, (3) l'élagage des palmiers (divisé en coupe et rangement des palmes) et (4) la récolte, regroupant trois opérations distinctes à savoir la coupe[6], le portage[7] et le chargement des régimes dans les camions pour leur transport à l'huilerie.

3.1.3. MATERIEL DE SUPPORT

Le matériel de support est constitué essentiellement des outils (machettes, couteaux malais, hottes, pics, etc.) utilisés par les travailleurs pour accomplir leurs tâches, et les véhicules (camions et tracteurs) de transport du personnel. Les machettes sont renouvelées tous les 12 mois et les couteaux malais, tous les 6 mois. Les véhicules sont d'une performance moyenne.

3.2. PARAMETRES ANALYSES

Les paramètres retenus ont été répartis en trois catégories à savoir : (1) les éléments humains, (2) les éléments techniques et (3) la production.

3.2.1. ELEMENTS HUMAINS

Les travailleurs ont été divisés en sous groupes répartis entre les trois grands regroupements de culture (Makouké 81, Makouké 82 et Makouké 83/84). Nous avons relevé l'effectif théorique, c'est-à-dire le nombre de travailleurs ayant

---

[6] Coupe: opération qui consiste à sectionner, à l'aide d'une faucille (couteau malais monté sur une hampe en aluminium ou un bambou de chine), le pédoncule du régime mûr présent dans la couronne du palmier, pour qu'il atteigne le sol afin d'être acheminé au parc.
[7] Portage (ou sortie des régimes): transport du régime de palme coupé du pied de l'arbre jusqu'au parc de collecte.

signé des contrats de prestation de service, et de façon quotidienne, l'effectif réel en activité.

L'effectif représente ici le nombre de personnes employées dans la palmeraie, sans distinction d'âge, ni de sexe.

3.2.2. ELEMENTS TECHNIQUES

Le travail en plantation est suivi de façon quotidienne (entre 6h30 et 14h00 – 16h00), et on prélevait, pour chaque activité, la quantité de travail prestée, exprimée en hectare, et la main d'oeuvre utilisée (effectif actif) pour réaliser ce rendement. Nous déduisions par la suite le tour[8] (ou fréquence de passage) mensuel par le rapport de la superficie couverte dans le mois sur la surface totale de la plantation.

De façon spécifique, nous relevions, pour le rabattage[9], le nombre d'interlignes rabattues. Ainsi, en nous servant de la superficie d'une interligne régulière en palmeraie, nous avons converti en hectare, la quantité de travail correspondant à ce nombre. Au terme d'un mois d'activité, nous déduisions le tour mensuel de rabattage par le rapport de la superficie totale rabattue par la surface totale de la palmeraie. A partir de la moyenne obtenue au bout des trois mois d'observation, nous avons estimé le tour annuel de rabattage.

---

[8] Le « tour » ou « fréquence de passage » se définit comme étant le nombre de fois qu'une activité précise est pratiquée ou organisée sur une unité de surface donnée, pendant une durée bien déterminé, généralement mensuelle ou annuelle en palmeraie.

[9] Rabattage : opération culturale dont le but est de maintenir le couvert végétal à l'intérieur des parcelles à une certaine hauteur par le débroussaillage.

Pour l'élagage[10], il nous a été plus simple de considérer le nombre de palmiers élagués, et de convertir, en nous servant de la densité de plantation des arbres, cette valeur en nombre d'hectares. La même méthode a été utilisée pour définir la superficie couverte en désherbage manuel[11] (ou entretien des ronds) et en alignement des feuilles[12] élaguées, où nous relevions le nombre de ronds nettoyés. Les variables ainsi que les méthodes de calcul sont les mêmes que celles décrites dans le paragraphe précédent.

Les observations en récolte (coupe et portage des régimes) ont porté sur le nombre de parcelles récoltées par mois, pour avoir, après sommation, les superficies mensuelles récoltées, qui ont servi à tracer la courbe d'évolution du tour de récolte et à calculer les superficies moyennes récoltées par jour.

Pour les cinq activités ci-dessus, nous avons également étudié la superficie moyenne couverte par un ouvrier en une journée de travail. Cette variable peut être utile, notamment dans le choix de l'unité de travail[13] appropriée, c'est-à-dire définir l'équivalent en quantité de travail d'un homme-jour (HJ)[14], sur lequel sera basée l'exécution des travaux en plantation.

---

[10] Elagage : toilettage de la couronne par la coupe des feuilles mortes et inutiles et l'enlèvement des régimes pourris et des épiphytes.
[11] Désherbage manuel : opération d'entretien (sarclage) des ronds, de 1,5m de large, autour des pieds de palmiers.
[12] Alignement des feuilles : rangement soigneux des palmes lors de l'élagage.
[13] unité de travail (UT) : afin de tenir compte du travail à temps plein et du travail à temps saisonnier, l'emploi agricole ou ses variations sont mesurés en unité de travail annuel (UTA). Une UTA correspond à la prestation mesurée en temps de travail d'une personne qui effectue, à temps plein et pendant toute une année, des activités agricoles dans une unité agricole. On distinguera les UTA non salariées des UTA salariées (BAUTIER, 2004).
[14] homme-jour (HJ) : correspond à une norme de quantité de travail convenu qu'accomplit chaque travailleur (homme ou femme) par jour, afin de recevoir son salaire journalier. Cette norme est fixée

3.2.3. ELEMENTS DE PRODUCTION

Il s'est agit d'enregistrer les rendements mensuels (en tonnes) obtenues en coupe et sortie des régimes, et la main-d'oeuvre utilisée (nombre total de présents relevés). A partir de ces données, nous sommes parvenus à calculer les rendements moyens journaliers, les rendements moyens (en tonnes) par ouvrier par jour, les effectifs moyens journaliers. Ces variables ont été étudiées dans le but d'établir des comparaisons entre la coupe et le portage.

Pour la collecte des régimes, nous avons enregistré le nombre de régimes ramassés par mois, ainsi que le tonnage correspondant à cette quantité de production. De cette donnée, nous avons exprimé les quantités moyennes livrées par jour, le rendement moyen d'un ouvrier chargeur par jour et l'évolution du poids moyen des régimes. Ces éléments ont fait l'objet d'attention afin d'établir des comparaisons entre la coupe, le portage et le chargement des régimes et d'étudier les écarts observés.

Le calcul du nombre de journées de travail effectives (production annuelle / nombre d'heures de travail) et celui du nombre d'actifs de l'exploitation (production annuelle / nombre de travailleurs employés) ont été effectués, afin de pouvoir estimer la productivité physique.

---

suivant une longue expérience de l'utilisation de la main-d'oeuvre pour la même tâche et dans des conditions plus ou moins similaires (ANONYME, 2006).

1 homme-jour (HJ) = 8 heures de travail d'un homme adulte (SOSSOU et HOUNDONOUGBO, 2001).

3.3. COLLECTE ET ANALYSE DES DONNEES

La collecte des données s'est faite par des observations directes en plantation. La méthode a consisté à faire des relevés par unité de culture, puis les regrouper par la suite pour constituer une seule base de données pour toute la palmeraie. Nous étions assistés dans cet exercice par les chefs d'équipes et pointeurs, qui contrôlent la qualité du travail et relèvent la quantité de travail prestée par chaque travailleur.

Nous avons recouru à l'analyse de la variance à un facteur, selon un plan complètement aléatoire. Les données ont été analysées au moyen du test de la *plus petite différence significative* (*ppds*). Le logiciel *Excel 2003* a servi à la construction des tableaux et graphiques.

CHAPITRE 4 : RESULTATS ET DISCUSSION

4.1. RESULTATS

4.1.1. CARACTERISTIQUES DU PERSONNEL PRESTATAIRE TEMPORAIRE

4.1.1.1. EFFECTIF THEORIQUE DE LA PLANTATION

La quasi-totalité des opérations – qu'il s'agisse des activités d'entretien ou de récolte – dans la palmeraie de Makouké est faite de façon manuelle. Le tableau 3 présente l'effectif global du personnel temporaire de la palmeraie de Makouké, réparti dans ses trois divisions que sont Makouké 81 (1175,09 ha), Makouké 82 (1174,47 ha) et Makouké 83/84 1496,49 ha).

Tableau 3 : Effectif théorique des travailleurs

Divisions	Makouké 81	Makouké 82	Makouké 83/84	Effectif total de la palmeraie
Effectif par division	65	109	146	320

Ce tableau a été construit à l'issu du recensement réalisé au mois d'août 2008. Les chiffres contenus dans ce tableau ne peuvent être considérés comme invariables car l'effectif de la palmeraie reste dynamique (c'est-à-dire évolue dans le temps). En effet, on enregistre des recrutements lorsqu'un besoin s'exprime et des ruptures de contrats, car l'ouvrier, gardant son statut de travailleur temporaire, peut décider au terme de la durée du contrat ou même avant, d'arrêter ses prestations, ou bien peut être renvoyé suite à une mauvaise conduite, ou autres causes pouvant valoir un renvoi.

Toutefois, on peut remarquer que l'effectif au huitième mois 2008 s'élevait à 320 travailleurs pour l'ensemble de la palmeraie. Les divisions 82 et 83/84 sont celles ayant des effectifs les plus élevés, l'effectif de Makouké 83/84 faisant un peu plus du double de celui de la division 81. Cette répartition peut être le fruit du hasard, néanmoins nous pensons que cela peut également s'expliquer par le fait que ces plantations sont les plus jeunes (26 ans et 24 – 25 ans, respectivement pour Makouké 82 et Makouké 83/84), et donc logiquement plus productives. Aussi, la plantation Makouké 83/84 est-elle la plus étendue avec une superficie de 1496,49 ha par rapport aux deux autres, Makouké 81 et Makouké 82 qui ont respectivement 1175,09 ha et 1174,47 ha.

4.1.1.2. *UTILISATION DE LA MAIN D'ŒUVRE*

Les activités couramment exercées dans une plantation de palmier à huile ne diffèrent pas (ou varient très peu) d'une palmeraie à une autre. Le tableau 4 présente les opérations régulièrement pratiquées et l'affectation du personnel disponible à ces différentes tâches.

L'équipe phytosanitaire, non prise en compte par l'étude, n'a pas été comptabilisée ici, d'où un total de 295 travailleurs, au lieu de 320 présentés au tableau 3, p.47.

Le tableau 4 montre une répartition inégale de l'effectif entre les différentes tâches couramment pratiquées dans la palmeraie. A ce titre, la récolte comptabilise le plus grand effectif. Ce résultat trouve sa justification dans la hiérarchisation des tâches ; la récolte constituant l'activité la plus importante d'une exploitation de palmier à huile.

Tableau 4: Répartition des travailleurs en fonction des principales Activités

Activités	Cultures			Total
	Makouké 81	Makouké 82	Makouké 83/84	
Supervision/pointage	7	10	14	31
Coupe/portage/élagage	30	39	46	115
Portage	-	20	22	42
Fruits détachés/alignement des feuilles/rabattage/ronds	25	36	35	96
Charge de régimes	3	4	4	11
Total	65	109	121	295

La répartition des travailleurs entre les trois cultures Makouké 81, Makouké 82, Makouké 83/84 ne respecte pas de façon rigoureuse les frontières entre ces différentes zones. Ainsi, on note quelque fois des mutations de personnel d'une culture à une autre ; de même que pour une activité quelconque, un groupe affecté dans une zone peut aller prester dans une autre zone.

Pour l'exploitation d'une superficie totale de 3846,05 hectares, les disponibilités en travail (quantité de main-d'oeuvre) s'élèvent à 115 récolteurs-coupeurs, 42 récolteurs-porteurs répartis entre Makouké 82 (1174,47 ha) et Makouké 83/87 (1496,49 ha), 96 manoeuvres pour l'entretien et 11 chargeurs de régimes. Le rapport entre la superficie et l'effectif permet d'attribuer à chaque ouvrier, selon l'activité, une portion à entretenir pendant une période de 12 mois, égale à : 33,34 ha/coupeur en moyenne que celui-ci devra récolter et élaguer ; 63,59 ha/porteur ; 40,06 ha/ouvrier en entretien (rabattage, désherbage manuel, alignement des feuilles, ramassage des fruits détachés…) et 349,64 ha/chargeur en moyenne.

Cette répartition peut permettre au chef d'exploitation, connaissant les performances de la main-d'oeuvre et sa disponibilité dans l'année (par le calcul du taux d'absentéisme, par exemple), de définir l'unité de mesure ou d'organisation du travail appropriée pour une utilisation optimum du personnel disponible.

4.1.2. TRAVAUX D'ENTRETIEN: RABATTAGE, DESHERBAGE MANUEL ET ALIGNEMENT DES FEUILLES

Les activités d'entretien couramment pratiquées sont le rabattage manuel des interlignes, le désherbage manuel et l'élagage. Le tableau 5 présente la quantité de main-d'oeuvre (nombre total de présents) et les superficies couvertes en entretien des cultures.

Tableau 5 : Nombre de présents obtenus et superficies couvertes en rabattage, en désherbage manuel et en alignement des feuilles dans la palmeraie de Makouké.

	Période	Juin		Juillet		Août		Moyennes	Ecart-type
	Variables	nombre de présents par activité	Superficie couverte (ha)	nombre de présents par activité	Superficie couverte (ha)	nombre de présents par activité	Superficie couverte (ha)		
Activités	Rabattage	1348	725,97	1295	678,59	547	305,76	570,11	230,15
	Désherbage manuel	427	174,84	80	31,67	655	346,02	184,18	157,38
	Alignement des feuilles	260	117,9	909	389,81	536	250,78	252,83	135,97
Variables	Total présents par mois	2025		2284		1738			
	Durée mensuelle du travail (jours)	26		26		26			
	Total présents théoriques par mois	2496		2496		2496			
	Absentéisme	18,87%		8,49%		30,37%		19,24%	10,94%

La quantité de main-d'oeuvre utilisée présente, pour une même activité des fluctuations d'un mois à un autre, et entre les différentes activités d'entretien, des écarts relativement grands. La durée mensuelle d'une activité et le niveau de pénibilité de celle-ci, entre autres, peuvent influencer la présence des individus au travail, et expliquer ces écarts d'effectifs d'une période à l'autre et entre les types de tâches.

On peut constater également dans le tableau 5 que l'absentéisme présente des variations plus ou moins grandes. Moins élevé en juin (18,87%) et juillet (8,49%), il atteint une valeur inquiétante de 30,37% en août.

En plus des causes telles que les accidents de travail, la fatigue, l'absentéisme est accentué au mois d'août par le départ en vacances d'un bon nombre de travailleurs qui, après avoir travaillé durant toute l'année choisissent ce mois pour prendre du repos et se livrer à d'autres occupations. Aussi, durant cette période, l'on a beaucoup plus pratiqué le désherbage manuel que les travailleurs n'affectionnent pas tellement car ils estiment que le revenu de 47 Fcfa/palmier désherbé est faible par rapport à la pénibilité de la tâche.

De manière générale, le nombre de présents est plus élevé en rabattage manuel. Cela traduit le fait que les superficies rabattues soient plus grandes, 570,11 ha/mois en moyenne par rapport aux moyennes mensuelles de 184,18 ha et 252,83 ha obtenues respectivement en désherbage manuel et en alignement des feuilles. Cet avantage vient de ce que le prix de revient soit plus élevé en rabattage, soit 2000 Fcfa/interligne rabattue, ce qui attire les prestataires.

Cette variation, au cours du temps, de la disponibilité en main-d'œuvre influence la programmation et peut imposer des changements dans le plan de production.

Ce facteur de production, par sa nature instable en disponibilité et en performance, affecte particulièrement le tour (la fréquence de passage) mensuel, et par conséquent le tour annuel de ces différentes activités.

Ainsi, on peut clairement remarquer sur le graphique 1, graphique 2 et graphique 3, présentant respectivement le tour mensuel de rabattage[15], de désherbage manuel et d'alignement des feuilles (voir annexe 4, p.107, pour le calcul du tour mensuel), que les fréquences de passage sont en moyenne plus élevées en rabattage manuel des interlignes.

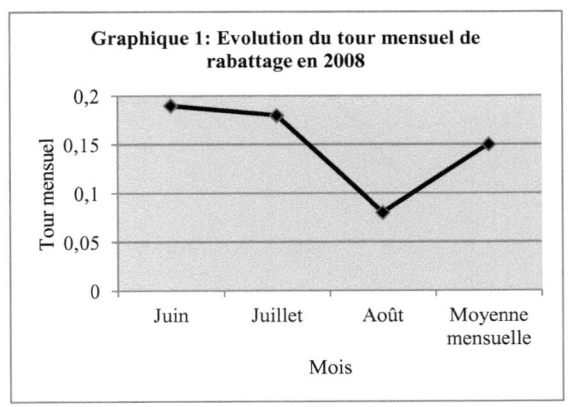

---

[15] Le tour mensuel de rabattage est donné par le rapport de la superficie totale rabattue dans un mois sur la superficie totale de l'exploitation. L'évolution du tour mensuel permet de prédire la surface susceptible d'être rabattue au cours d'une année.

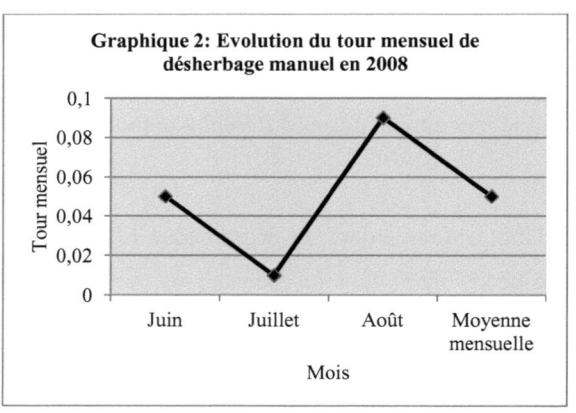

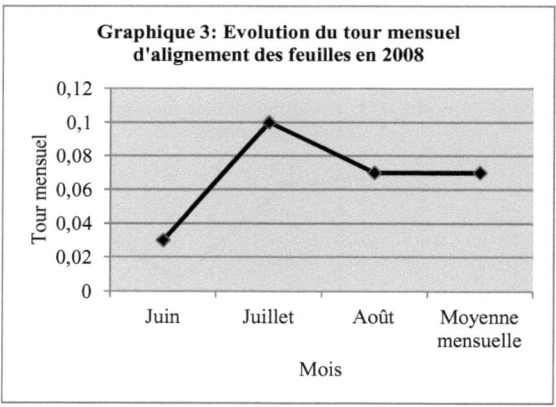

Une analyse plus détaillée de ces trois graphiques permet de distinguer trois périodes assez clairement définies, marquées par des variations de cette valeur pour chaque activité. De juin à juillet, le tour de rabattage est très élevé alors que ceux des deux autres tâches restent très faibles. En effet durant ces deux mois, cette opération a été largement pratiquée, surtout dans la culture 81 (Makouké

81) où il était mis en exécution un grand projet de réhabilitation de près du tiers de cette surface, gardée en jachère depuis plus de deux ans.

Au mois de juillet, pendant que le rabattage se poursuit, l'alignement des feuilles de palme coupées lors de l'élagage des palmiers organisé durant le mois de juin pour ce même projet de réhabilitation, est mis en oeuvre, d'où cet accroissement brutal du tour mensuel d'alignement des feuilles et une forte baisse du tour de désherbage manuel cette période.

A compter du mois d'août, afin de faciliter le repérage des fruits détachés par les récolteurs et leur ramassage qui devait débuter en septembre, car cette période coïncide à la période de pointe (c'est-à-dire la période de haute production), des journées de désherbage manuel ont été plus nombreuses, entraînant à cette occasion une augmentation de la superficie désherbée, et en conséquence l'accroissement du tour de désherbage manuel.

Malgré ces variations, le tour de rabattage varie très peu et se situe pratiquement toujours au-dessus du tour de désherbage manuel et d'alignement des feuilles.

Le tableau 6 ci-dessous démontre parfaitement l'analyse précédente. Ainsi donc, la quantité de main-d'oeuvre enregistrée en rabattage manuel pourrait être l'élément principal qui expliquerait ces fréquences de passage élevés. Car le tableau 6 montre clairement qu'un ouvrier réalise presque la même performance en une journée de travail quelque soit l'activité exercée.

Tableau 6: Tours de rabattage, de désherbage manuel et d'alignement des feuilles.

	Période Variables	Juin	Juillet	Août	Moyenne mensuelle	Ecart-type	Moyenne annuelle
Activités	Effectif moyen journalier	78	88	67	77	10	
Rabattage	Superficie moyenne journalière d'un ouvrier (ha)	0,54	0,52	0,56	0,54	0,02	
	Tour mensuel	0,19	0,18	0,08	0,15	0,06	1,78
Désherbage manuel	Superficie moyenne journalière d'un ouvrier (ha)	0,41	0,40	0,53	0,44	0,07	
	Tour mensuel	0,05	0,01	0,09	0,05	0,04	0,57
Alignement des feuilles	Superficie moyenne journalière d'un ouvrier (ha)	0,45	0,43	0,47	0,45	0,02	
	Tour mensuel	0,03	0,10	0,07	0,07	0,04	0,79

Les données brutes à partir desquelles ont été effectués les calculs sont reprises dans le tableau 5, p.51 ; les formules de calcul sont données en annexe 4, p.107.

Au mois d'août, le nombre de présents obtenus dans chaque activité étant très peu variable, les valeurs du tour de rabattage manuel, de désherbage manuel et d'alignement des feuilles sont de même très proches.

Le phénomène décrit ci-dessus met en évidence les différentes manières – qui peuvent être leur degré de disponibilité, leurs choix quant la participation à une activité donnée, ou leur force de travail – à travers lesquelles les travailleurs peuvent influencer l'avancement des travaux en plantation.

Il serait précipité d'extrapoler sur toute l'année les valeurs sur le tour mensuel reprises dans le tableau 6, à cause de la période d'observation très courte. Toutefois, si l'on court ce risque, on pourrait conclure que l'effectif actuel, avec une moyenne de 1,78 tour annuel[16], arrive à couvrir, au bout de 12 mois, la superficie totale de la palmeraie en rabattage manuel des interlignes. Ce chiffre (c'est-à-dire 1,78 tours annuels) correspond à une superficie moyenne annuelle rabattue de 6845,97 hectares, valeur largement supérieure à 3846,05 hectares que couvre la palmeraie de Makouké. Mais cette fréquence de 1,78 tour annuel sera difficilement réalisable dans la pratique. Car il est très improbable que l'on entame un deuxième tour de rabattage manuel alors qu'on n'est pas parvenu à réaliser un tour complet dans les autres activités d'entretien. On peut dès lors estimer que de façon pratique, l'on réalisera 1 tour de rabattage manuel et le 0,78 tour annuel supplémentaire sera converti en désherbage manuel et/ou en alignement des feuilles.

---

[16] Tour annuel = superficie couverte par une activité au bout de 12 mois / superficie totale exploitée.

Par contre, les autres tâches resteront inachevées. En effet, en se référant au tableau 6 (p.56), le tour de désherbage manuel[17] est de 0,57 tour annuel, et celui d'alignement des feuilles, environ 0,79 tour annuel. Ces valeurs correspondent respectivement à des surfaces de 2192,25 hectares désherbés manuellement, et 3038,38 hectares alignés au bout d'une période de 12 mois. Ces chiffres qui restent en deçà de la superficie totale de la plantation montrent effectivement qu'il reste chaque année une grande partie de la plantation non touchée par le désherbage manuel et l'alignement des feuilles.

Ces retards accumulés finissent par constituer une source de difficultés dans le circuit de production. Dans les parcelles où l'alignement des feuilles coupées lors de l'élagage n'a pas été effectué, les risques de blessures par les épines portées par les pétioles des feuilles de palmier sont élevés, ce qui diminue la vitesse de progression des récolteurs ou autres travailleurs. De même, dans les parcelles où l'on a pu réaliser le désherbage manuel, le repérage des fruits spontanément tombés, ainsi que la collecte des fruits détachés deviennent fastidieux, augmentant ainsi les risques d'oubli des régimes dans les couronnes des palmiers et le pourcentage des fruits détachés non collectés.

En plus des tâches précédentes, une autre activité importante, le ramassage des fruits détachés, intervient en période de pointe, mobilisant une moitié de l'effectif d'entretien. Cette situation crée davantage un déficit de main d'oeuvre pour l'entretien des cultures, ce qui réduit fortement les fréquences de passages, qui sont déjà faibles. Il reste ainsi au cours d'une année d'importantes surfaces non entretenues. Il nous est cependant impossible d'appuyer cette affirmation

---

[17] Le tour de désherbage manuel : rythme (vitesse) de progression du désherbage manuel dans l'année, permettant de prédire la superficie susceptible d'être couverte en désherbage manuel au cours d'une période de 12 mois.

par des chiffres concrets, étant donné que nous n'avons pas eu l'occasion d'observer l'évolution du tour de rabattage manuel, de désherbage manuel et d'alignement des feuilles durant la période de haute production.

Ces retards accumulés en entretien des plantations entraînent également une augmentation des coûts. Pour la réhabilitation des 316 ha dans la division Makouké 81, laissés en jachère depuis plus de deux ans, l'interligne rabattue a coûté 3000 FCFA contre 2000 FCFA habituellement en pratique, ce qui donne un coût total de 4.740.000 FCFA. Le montant global en alignement s'est élevé à environ 7.750.400 FCFA, un palmier dégagé des branches coupées étant payé à 200 FCFA contre 37 FCFA généralement en vigueur.

4.1.3. ELAGAGE ET RECOLTE

L'élagage et la récolte sont réalisés par les mêmes équipes. Le tableau 7 présente la quantité totale d'ouvriers obtenus et les superficies élaguées et récoltées en juin, juillet et août dans la palmeraie de Makouké.

On relève du tableau 7 que le nombre total de présents demeure plus élevé pour la récolte. Les tendances de cette variable sont inversées dans les deux activités. La quantité de main-d'oeuvre présente, pour l'élagage, une légère croissance de juin (797 ouvriers présents, obtenus par sommation des effectifs journaliers enregistrés au mois de juin) à juillet (850 présents) avant de chuter brutalement au mois d'août (410 présents enregistrés).

Tableau 7 : Nombre total de présents et superficies élaguées et récoltées en juin, juillet, août

	Période	Juin		Juillet		Août		Moyennes (ha)	Ecart-type
	Variables	Nombre de présents par activité	Superficie couverte (ha)	Nombre de présents par activité	Superficie couverte (ha)	Nombre de présents par activité	Superficie couverte (ha)		
Activités	Elagage	797		850		410			
			299,71		375,08		234,27	303,02	70,46
	Récolte	1135		1198		2031			
			4007,06		4075,69		4786,21	4289,65	431,40
Variables	Total présents par mois	1932		2048		2441			
	Durée mensuelle du travail (jours)		26		26		26		
	Total présents théoriques par mois	2990		2990		2990			
	Absentéisme	35,38 %		31,51 %		18,36 %		28,42%	8,92%

Par contre, au niveau de la récolte, la progression est continuellement croissante de juin (1135 présents) à août (2031 présents) : cette croissance est légère les deux premier mois, puis devient brutale au mois d'août.

En effet, juin et juillet constituent les derniers mois de la période creuse de production. Durant ces derniers mois, l'élagage est beaucoup pratiqué, afin de préparer l'arrivée de la haute production, c'est-à-dire augmenter la production en nombre de régimes et faciliter la récolte.

De plus, l'élagage a été largement pratiqué durant ces deux mois, à cause du projet de réhabilitation de 316 hectares dans la division Makouké 81 qui jusque là étaient conservés en jachère.

La chute brutale de la quantité de main-d'oeuvre en élagage et sa brusque montée en récolte la même période illustrent bien l'influence des deux périodes (celle de creux et celle de pointe) sur la programmation de ces deux activités. La production en nombre de régimes s'accroît à partir du huitième mois ; alors la récolte prend de l'ampleur, et l'élagage n'est alors pratiqué que de façon exceptionnelle.

Le tableau 7 montre aussi une baisse importante du taux d'absentéisme (18,36%) au mois d'août. La montée de la production constitue une réelle source de motivation des récolteurs, car elle est synonyme d'une amélioration considérable de leurs revenus, à cause du nombre élevé de régimes dans les couronnes. En effet, pendant les périodes creuses de production, les distances parcourues par jour par un récolteur sont élevées, tandis que la productivité baisse, à cause du nombre très réduit de régimes à l'hectare. Pour cette raison, d'aucuns préfèrent rester chez eux pour se reposer ou se livrer à d'autres activités (travaux des champs, chasse, etc.) plus rentables.

Les superficies mensuelles récoltées sont de même largement supérieures aux surfaces élaguées durant les mêmes périodes. Ce résultat semble donc n'être que la conséquence plus ou moins logique du phénomène évoqué au paragraphe précédent. L'impact de ce résultat est mesuré sur le tour mensuel d'élagage et le tour mensuel de récolte qui traduisent le rythme de progression de ces différentes activités et permettent d'apprécier l'efficience de la main d'oeuvre.

Sur le graphique 4 et graphique 5, donnant respectivement l'évolution du tour mensuel d'élagage et du tour de récolte, les tendances des courbes suivent celles observées pour la quantité de main d'oeuvre et des superficies.

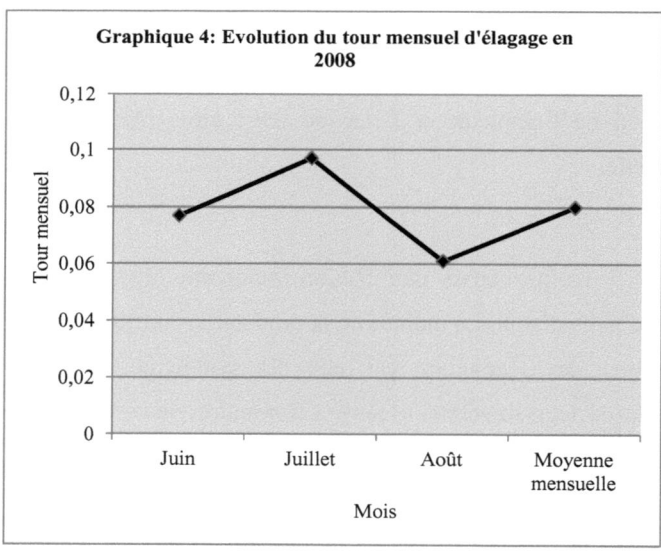

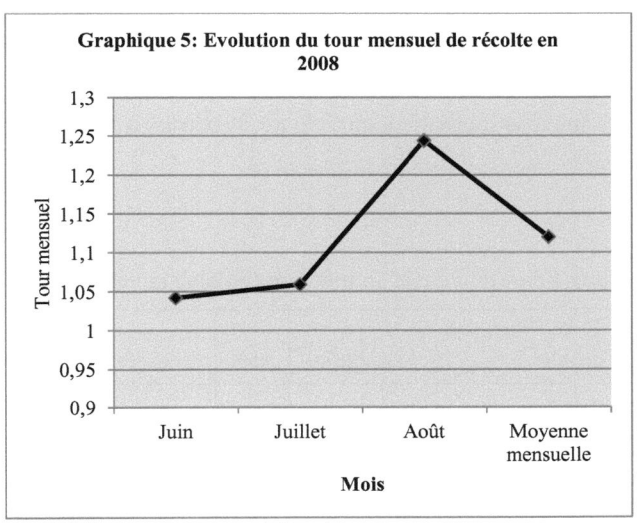

Graphique 5: Evolution du tour mensuel de récolte en 2008

Le tour d'élagage (graphique 4) croît de juin (0,077 tour) à juillet (0,097 tour) puis décroît en août (0,061 tour). Tandis que le tour de récolte garde une croissance constante dans le temps : il passe de 1,042 tours en juin à 1,059 tours en juillet, pour atteindre 1,244 tours mensuel en août. Ainsi lorsque le tour de récolte devient grand, celui de l'élagage a tendance à se réduire, traduisant par là la primauté de la récolte sur l'élagage en période de haute production. Ce résultat se confirme lorsqu'on fait intervenir la superficie moyenne journalière récoltée par un ouvrier (tableau 8, ci-dessous). En effet, la superficie moyenne parcourue par un récolteur par jour est plus faible en haute production (2,356 ha/récolteur/jour) comparée aux valeurs enregistrées en juin (3,53 ha/récolteur/jour) et juillet (3,402 ha/récolteur/jour), période de faible production. Ainsi le fort taux de présence et l'augmentation des jours de récolte favorisent la progression du tour de récolte.

Le tableau 8 reprend les tours mensuels de récolte et d'élagage, ainsi que les superficies moyennes journalières par ouvrier (productivité mensuelle du travail) et les effectifs moyens journaliers en activité. Il permet à partir de ces données d'apprécier l'efficience de cette main-d'oeuvre.

Tableau 8 : Superficies moyennes journalières en élagage et récolte

	Période Variables	Juin	Juillet	Août	Moyenne mensuelle	Ecart-type	Moyenne annuelle
Activités	Effectif moyen journalier	69	73	87	76,33	9,45	-
Elagage	Superficie moyenne journalière d'un ouvrier (ha)	0,376	0,441	0,571	0,46	0,10	-
	Tour mensuel	0,077	0,097	0,061	0,08	0,02	0,94
Récolte	Superficie moyenne journalière d'un ouvrier (ha)	3,530	3,402	2,356	3,10	0,64	-
	Tour mensuel	1,042	1,059	1,244	1,12	0,11	-

Les superficies moyennes journalières par travailleur dans les deux tâches sont assez élevées (0,46 ha/ouvrier/jour en élagage et 3,10 ha/ouvrier/jour, en récolte), l'effectif moyen journalier en activité étant de 76 ± 9 personnes.

Cet effectif moyen journalier permet de réaliser, pour ce qui est de l'élagage, 0,94 tour annuel en moyenne, ce qui en hectare correspond à une superficie d'environ 3615,287 ha élaguée en une année. Pour ce qui est de la récolte, il ne permet que la réalisation de 1,12 ± 0,11 tours mensuels. Chaque parcelle ne peut donc être récoltée qu'une seule fois dans un mois.

Le constat qui se dégage est que les retards sont accumulés aussi bien en élagage qu'en récolte. Ceci traduit l'existence d'un réel besoin d'une force de travail supplémentaire dans la palmeraie de Makouké, pour ce qui concerne les travaux de récolte et d'élagage. Cette situation peut ainsi avoir un impact plus ou moins fort sur la production. Elle entraîne à la fois les pertes de production et l'augmentation des coûts de production.

Le tableau 9, à titre d'exemple, donne la proportion des fruits détachés collectés durant les mois de septembre et octobre.

On peut remarquer dans ce tableau que la proportion des fruits détachés s'élève à 291,48 tonnes. Les retards accusés dans le tour de récolte occasionnent donc un fort accroissement de la quantité de fruits détachés, augmentant par la même occasion les coûts de production. Car, le ramassage de ces fruits détachés représente un coût supplémentaire de la récolte, puisque le régime de palme récolté, dont le coût initial s'élève à 90 FCFA, reviendra un peu plus cher à la société, étant donné que le ramassage des fruits détachés a également un prix. Ce coût s'est élevé à près de sept millions deux cent quatre vingt sept mille francs Cfa (7.287.000 FCFA).

Tableau 9: Proportion de fruits détachés collectés en septembre et octobre

Période	Septembre	Octobre	Total
Nombre de sacs par mois	3255	4032	7287
Poids moyen d'un sac (kg)	40	40	
Quantité totale (t)	130,2	161,28	291,48
Coût d'un sac (Fcfa)	1000	1000	
Coût total (Fcfa)	3255000	4032000	7287000

Les retards de récolte se traduisent aussi souvent par la récolte des régimes dans un état de maturité avancée. Cette situation peut avoir pour conséquence l'accroissement des risques de perte d'huile et de dépréciation de la qualité de l'huile dues au processus d'acidification de l'huile de la pulpe des fruits, qui se déclenche dès la fin de la maturation des fruits.

Les retards d'élagage provoquent la réduction du nombre de régimes, car les couronnes fermées empêchent la pollinisation, réalisée par les insectes (genre *Elaeidobius sp* surtout) de se faire normalement. Par la même occasion, ils augment les coûts d'élagage car le travail devient extrêmement difficile. A ce sujet, le tableau 10 présente les différents coûts pratiqués en élagage dans la palmeraie de Makouké.

Tableau 10 : Coûts (FCFA/palmier) pratiqués en élagage à Makouké.

Unités de culture \ Intervalles de passage	8 à 12 mois	13 à 15 mois	16 à 20 mois	21 à 24 mois	25 mois et plus
Makouké 81 Makouké 82 Makouké 83	90	98	113	133	148
Makouké 84	80	88	103	123	138

Le tableau 10 illustre clairement la variation du coût d'élagage en fonction du retard accusé. Les coûts, généralement pratiqués sont ceux appartenant aux classes d'intervalles d'élagage 13 – 19 mois ; 16 – 20 mois ; 21 – 24 mois et 25 mois et plus, les coûts des trois dernières classes étant les plus mis en application. Aussi, pour la réhabilitation des 316 ha de Makouké 81, le coût d'un palmier élagué (coupe des palmes uniquement) s'élevait à 300 FCFA, pour une dépense totale d'environ 11.625.600 FCFA.

4.1.4. VITESSE DE PROGRESSION DES COUPEURS ET DES PORTEURS

Le graphique 6 montre les superficies moyennes journalières couvertes par la coupe et le portage des régimes.

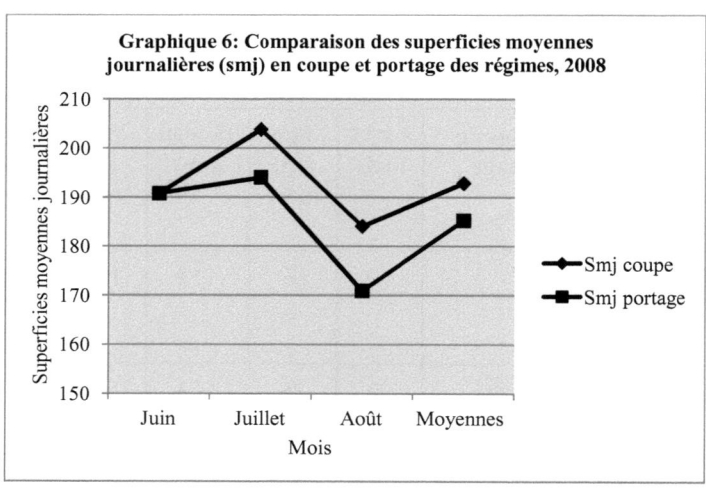

Les deux courbes présentées sur ce graphique montrent les mêmes variations : lorsque l'une croît, l'autre croît également, et lorsque l'une décroît, l'autre suit le mouvement. Toutefois, la courbe d'évolution de la superficie moyenne journalière en coupe des régimes reste au-dessus de celle de la superficie moyenne journalière en portage. Cette position traduit le fait que les superficies moyennes couvertes par la coupe en une journée sont plus importantes que celles parcourues par les porteurs. Toutefois, le test statistique montre qu'il n'existe pas de différence significative entre les deux moyennes (annexe 4.b/, p.102). Ce résultat statistique permet donc de comprendre que tous les régimes coupés sont transportés aux parcs de collecte dans les 24 à 48 heures suivant leur coupe, ce qui s'inscrit dans l'intervalle de temps acceptable pour le séjour des régimes aux parcs, avant leur transport à l'huilerie.

Tableau 11: Superficies moyennes journalières en récolte (coupe et portage)

	Période Variables	Juin	Juillet	Août	Moyennes	Ecart-type
Activités	Superficie récoltée par mois (ha)	4007,06	4075,69	4786,21		
Coupe	Durée effective (jours)	21	20	26		
Coupe	Présents par mois	1135	1198	2031		
Coupe	Effectif moyen journalier	54	60	78	64	10
Coupe	Superficie journalière moyenne (ha)	190,81	203,78	184,09	192,89	10,97
Coupe	Superficie journalière moyenne par ouvrier	3,530	3,402	2,356	3,096	0,50
Portage	Durée effective (jours)	21	21	28		
Portage	Présents par mois	1086	1106	1504		
Portage	Effectif moyen journalier	52	53	54	53	10
Portage	Superficie journalière moyenne (ha)	190,81	194,08	170,94	185,28	10,97
Portage	Superficie journalière moyenne par ouvrier	3,690	3,685	3,182	3,52	0,50

Aussi, on ne note aucune différence significative entre la superficie moyenne parcourue par un coupeur et celle parcourue par un porteur, comme le démontre le tableau 11 (et l'annexe 4.c/, p.103) qui présente les superficies moyennes journalières en récolte.

Par contre, pour ce qui est des effectifs, l'écart est considérable (annexe 4.a/, p.101) entre l'effectif moyen journalier des coupeurs et celui des porteurs, la coupe conservant plus de main-d'oeuvre que le portage. Il semble, de toute évidence, que c'est cette variable (effectifs moyens journaliers) qui occasionne des écarts, bien qu'insignifiants, entre les superficies couvertes par la coupe et celles couvertes par la sortie des régimes.

Ce résultat traduit de façon implicite la réalité selon laquelle il existe un déficit de porteurs de régimes, pour couvrir à la même vitesse, les superficies journalières réalisées par la coupe.

Cette situation est à l'origine d'une conservation plus ou moins prolongée des régimes au sol, comme nous pouvons aisément le remarquer sur le tableau 11 qui montre bien que la durée de la coupe est toujours inférieure à celle du portage des régimes, qui se poursuit quelque fois plusieurs jours après le passage des équipes de coupeurs. Ainsi tous les régimes ne sont pas sortis, c'est-à-dire transportés aux parcs de collecte, le jour même de la coupe. Toutefois, ce léger décalage (n'excède pas deux jours) reste dans la limite de 24 à 48 heures tolérée pour couper et transporter un régime de palme mûr à l'usine de transformation. Néanmoins, la coupe progressant déjà lentement, un retard supplémentaire en sortie manuelle des régimes ne pourrait donc qu'empirer la situation.

On note également sur le graphique 6 (p.68), une forte décroissance des superficies journalières récoltées (coupe et portage) durant le mois d'août, c'est-à-dire en période de haute production. De ce fait, les pertes seront plus considérables si la quantité de main-d'oeuvre reste réduite. L'observation suivante permet alors de comprendre que les besoins en force de travail sont plus élevés durant cette période cruciale de la carrière de production d'une palmeraie, et durant laquelle l'exploitation devra faire le plus de bénéfices.

L'élévation du nombre d'ouvriers présents (c'est-à-dire la somme de tous les effectifs obtenus chaque jour de travail) au mois d'août pour les deux activités, coupe et portage, montre que les travailleurs choisissent des périodes de forte production pour offrir de façon régulière leurs prestations, car ils y trouvent leur compte. Cette régularité au travail réduit l'impact de la baisse de performance considérable constatée en haute production : la superficie moyenne coupée ou portée par individu par jour est plus faible en août (3,1 ha/ouvrier/jour, en coupe et 3,52 ha/ouvrier/jour, en portage des régimes).

4.1.5. RENDEMENTS EN COUPE, PORTAGE ET CHARGEMENT DES REGIMES

Le tableau 12 présente la production obtenue de juin à octobre en coupe, sortie et chargement des régimes.

Tableau 12: Rendements de la récolte (coupe, portage et chargement) de juin à octobre.

Activités	Période	Variables	Juin	Juillet	Août	Septembre	Octobre	Moyennes	Écart-type
Coupe		Nombre de présents par activité	1135	1198	2031	2035	1848		
		Durée effective (jours)	21	20	26	25	20		
		Rendement par activité (t)	777,11	1099,27	2898,14	3884,63	3367,33	2405,30	1286,57

72

	1086	1106	1504	1594	1343		
Portage	21	21	28	28	24		
	776,64	1107,89	2727,24	3858,27	3391,62	2372,33	1286,57
Chargement	101	115	241	291	329		
	22	22	28	27	29		
	826,68	1188,04	2862,91	3787,66	3764,15	2485,89	1286,57
Poids moyen régimes (kg)	13,46	13,56	13,32	14,71	12,46	13,50	0,804

On peut s'apercevoir, d'une manière générale, que les rendements de la coupe sont supérieurs à ceux obtenus en portage et en chargement des régimes.

Le phénomène de rendements en portage supérieurs aux rendements en coupe pour la même période qui apparaît quelque fois dans ce tableau ne signifie guère que le nombre de régimes coupés soit inférieur à la quantité sortie.

Cet écart est causé par la sanction infligée aux travailleurs coupant les régimes non matures ou amorçant la phase de maturation. En effet, un régime vert soustrait du pointage du coupeur trois régimes mûrs, ce qui après sommation donne un total en coupe inférieur à celui du portage.

La coupe des régimes verts par les récolteurs peut être le résultat d'une formation insuffisante. Elle peut aussi être occasionnée par le retard observé en entretien manuel des ronds. Car, lorsque les ronds sont envahis d'herbes, les fruits spontanément tombés, révélateurs de la présence de régimes mûrs dans la couronne, ne sont plus visibles par le coupeur, qui n'a plus aucun autre moyen que l'observation de la couronne pour déceler les régimes mûrs éventuellement présents. La hauteur des palmiers étant devenue grand (les plantations sont âgées), la probabilité de confusion du régime mûr au régime vert est donc élevée.

L'écart existant entre les rendements en coupe et les rendements en chargement est causé par le report des régimes, c'est-à-dire la production du mois précédent qui n'a pas été acheminée à l'usine (entraînant inévitablement une forte acidification de l'huile), associée à celle du mois en cours, ce qui donne un rendement en chargement plus élevé par rapport au rendement de la coupe. Il faut tout de même noter que, outre le faible effectif des chargeurs, d'autres facteurs, notamment la disponibilité des véhicules (camions et tracteurs) de transport des régimes et l'état des pistes, contribuent pour une part importante à prolonger le séjour des régimes aux parcs.

Le tableau 13 reprend les rendements moyens journaliers en coupe, portage et chargement des régimes.

Tableau 13: Rendements moyens journaliers en coupe, portage et chargement des régimes en 2008.

	Période Variables	Juin	Juillet	Août	Septembre	Octobre	Moyenne	Ecart-type
Coupe	Effectif moyen journalier	54	60	78	81	92	73	15,72
	Rendement journalier (t)	37,01	54,96	111,47	155,39	168,37	105,44	47,53
	Rendement journalier d'un ouvrier (t)	0,68	0,92	1,43	1,91	1,83	1,35	4,74
Portage	Effectif moyen journalier	52	53	54	57	56	54	2
	Rendement journalier (t)	36,98	52,76	97,40	137,80	141,32	93,25	47,53
	Rendement journalier d'un ouvrier (t)	0,72	1,00	1,81	2,42	2,53	1,70	4,74
Chargement	Effectif moyen journalier	5	5	9	11	11	8	3
	Rendement journalier (t)	37,58	54,00	102,25	140,28	129,80	92,78	47,53
	Rendement journalier d'un ouvrier (t)	8,18	10,33	11,88	13,02	11,44	10,97	4,74

Il montre clairement que les quantités coupées par jour sont plus élevées. Toutefois, l'analyse statistique ne signale aucune différence significative entre les trois moyennes (annexe 4.d/, p.104).

Le graphique 7 présenté ci-après, montre l'évolution des rendements moyens journaliers en coupe, en portage et en chargement des régimes, durant la période allant de juin à octobre 2008.

La croissance est continue jusqu'en octobre pour les courbes du rendement moyen journalier en coupe et en portage des régimes. Par contre, le rendement moyen journalier en chargement des régimes décroît au mois d'octobre.

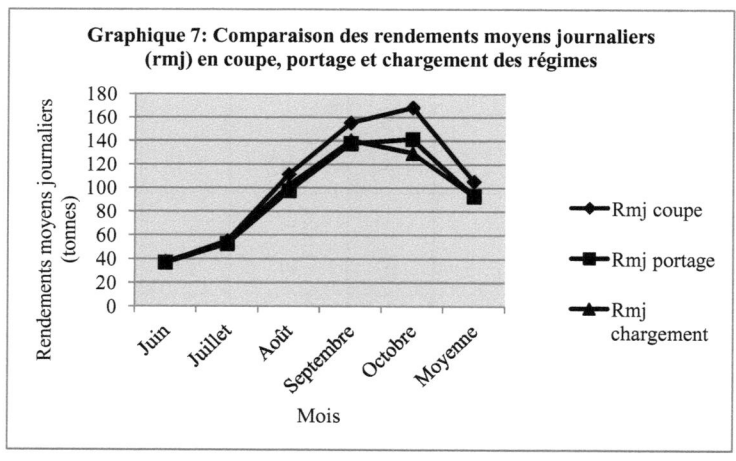

De juin à juillet, les trois courbes sont quasiment confondues. A partir du mois d'août, la courbe de rendement de la coupe se démarque des deux autres qui restent encore presque collées, mais cette différence reste relativement faible entre août et septembre. Cet écart devient assez grand au mois d'octobre entre les rendements journaliers en coupe et ceux obtenus en portage et chargement des régimes, qui restent très proches.

L'écart observé entre rendements journaliers en coupe et en portage, notamment durant la période de septembre à octobre, est dû principalement à la différence d'effectifs enregistrés dans les deux activités. Tandis que le décalage existant entre le rendement journalier en coupe et chargement des régimes est le résultat d'une combinaison de paramètres. Le faible effectif des chargeurs en constitue une cause. Une autre cause principale serait les intempéries (fortes pluies), surtout en octobre, qui abîment l'état des pistes et rendent difficile la collecte des régimes.

L'impact de ces paramètres est constaté sur le temps mis dans chaque activité pour réaliser des rendements à peu près similaires.

Le graphique 8 et le graphique 9 présentent respectivement l'évolution du poids moyen du régime et la variation de la durée mensuelle de chaque activité (coupe, portage et chargement des régimes).

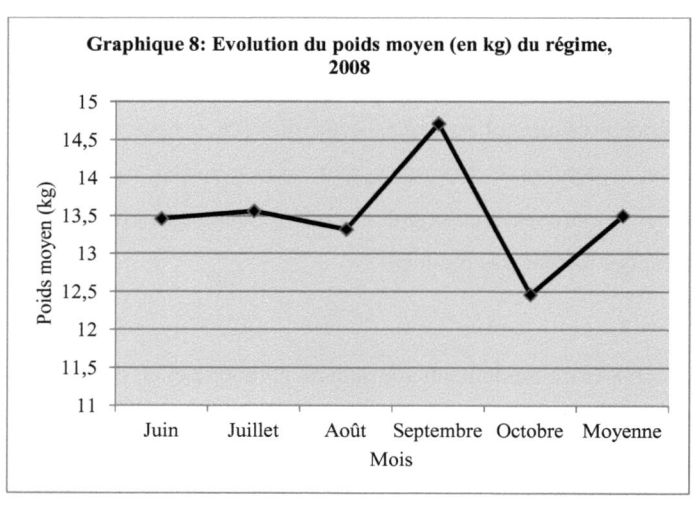

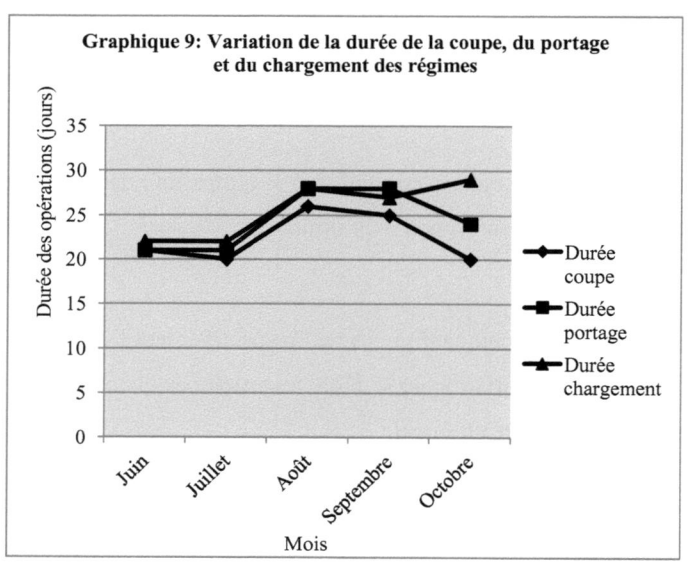

De juin à septembre, l'écart entre les durées des différentes opérations est faible (compris entre zéro et deux jours). Par contre, au mois d'octobre, ce décalage devient plus grand : quatre jours d'écart entre la coupe et le portage ; neuf jours entre la coupe et le chargement des régimes ; cinq jours entre le portage et le chargement des régimes (cf. graphique 8). Aussi, le poids moyen reste presque constant de juin à septembre, avec une légère croissance en septembre, et décroît assez brutalement en octobre (cf. graphique 9). Cette analyse permet d'établir un lien entre la durée de conservation des régimes au sol et l'évolution de leur poids : plus les régimes durent au sol, plus le poids moyen a tendance à baisser. Car au mois d'octobre, lorsque l'écart entre la coupe et la livraison des régimes à l'usine de transformation (neuf jours de différence) se creuse, le poids moyen chute à 12,46 kg. Les retards enregistrés en chargement des régimes entraînent donc une baisse du poids moyen des régimes et par conséquent une perte de production.

Toutefois, il convient de souligner que le manque de véhicules de transport des régimes reste une contrainte importante, accentuant le séjour des régimes coupés en plantation. Au mois de septembre, l'accroissement du poids moyen du régime de palme est fortement lié à une présence régulière des véhicules sur le site dès cette période. Malheureusement, à cause des fortes pluies enregistrées au mois d'octobre, qui abîment l'état des pistes, la collecte devient difficile ; le retard s'accroît, dont la conséquence néfaste est la baisse du poids moyen du régime.

4.1.6. PRODUCTIVITE PHYSIQUE (OU RENDEMENT)

Elle est calculée sur une période de 12 mois. Mais nous ne pouvions la déterminer que sur une période de cinq mois (juin à octobre).

4.1.6.1. **CALCUL DU NOMBRE DE JOURNEES DE TRAVAIL EFFECTIVES**

P_1 = 12429,44 / 1032 = 12,043 tonnes

La production totale livrée, de juin à octobre s'élève à 12429,44 tonnes. Pour 129 journées de travail programmées, avec une durée moyenne de 8 heures la journée, on a donc presté environ 1032 heures pour la période allant de juin à octobre. Le résultat ci-dessus montre qu'une prestation d'une heure à la palmeraie équivaut environ à 12,043 tonnes. Ainsi, une journée de travail produit 96,34 tonnes de régimes en moyenne. Les journées comptabilisées dans ce rapport sont uniquement celles prestées par les récolteurs (coupeurs, porteurs et chargeurs). La productivité d'une journée semble assez suffisante, bien qu'elle soit inégalement répartie entre les mois du fait de l'existence des périodes de pointe et de creux de production. Les résultats des analyses précédentes soulignent un écart entre les quantités coupées et celles livrées, les premières étant généralement supérieures aux secondes. Ce revenu journalier pourrait donc être amélioré si des mesures sont prises dans l'optique de parvenir à transporter à l'usine, dans les temps, tous les régimes coupés.

4.1.6.2. **CALCUL DU NOMBRE D'ACTIFS DE L'EXPLOITATION**

P_2 = 12429,44 / 17042 = 0,73 tonne

Le rapport ci-dessus est utilisé pour mesurer le nombre d'actifs nécessaires pour faire fonctionner l'exploitation, c'est-à-dire les actifs présents, pondérés par leur coefficient de disponibilité. De juin à octobre, le nombre total de présents relevés s'élève à 17042 (uniquement le groupe de récolteurs). Ce rapport sert à évaluer la productivité du travail. Cette productivité, à la palmeraie est égale à 0,73 tonne. Cette performance correspond à la prestation que fournirait un ouvrier en une heure de travail. Ainsi pour atteindre la productivité horaire de 12,043 tonnes, il faut un effectif de 16 personnes environ, mais ces derniers doivent à la fois couper et sortir les régimes, ramasser les fruits détachés et charger les régimes dans les camions. Cette productivité est cependant différemment répartie entre les activités, car un récolteur ne fournirait pas le même rendement horaire qu'un chargeur de régimes.

4.2. DISCUSSION

4.2.1. EFFECTIF ACTUEL ET SUPERFICIE EXPLOITEE

La palmeraie de Makouké couvre une superficie de 3846,05 hectares. Le calcul de la superficie moyenne susceptible d'être entretenue par chaque travailleur par an, selon la répartition des travailleurs entre les principales activités, donne des rapports superficie/ouvrier/an plus ou moins supérieurs à ceux proposés par RAEMAEKERS (2001), DAVIDSON (1993) et CORLEY et TINKER (2003). En effet, si l'on devait confier une part de la surface total de l'exploitation à chaque travailleur, chaque ouvrier aura à sa charge une étendue bien plus importante que ceux proposés par chacun de ces trois auteurs. Car les résultats attribuent 33,34 ha/ouvrier pour l'élagage et la coupe des régimes; 63,59 ha/ouvrier pour le portage des régimes et 40,06 ha à un ouvrier pour les autres activités d'entretien. Alors que ces derniers estiment ces parts à 5 – 6 ha (RAEMAEKERS, 2001), 7,5 ha (DAVIDSON, 1993) et 8 ha (CORLEY et TINKER, 2003). Aussi, lorsqu'on fait intervenir le taux d'absentéisme, qui tourne autour de 20 % dans toutes les différentes équipes, on comprend que l'effectif actuellement employé dans la palmeraie est largement disproportionnel à l'étendue. En effet, la superficie est grande et les disponibilités en travail sont limitées, d'où la notion d'effectif et celle de l'ouvrier présent.

4.2.2. PRODUCTIVITE DU TRAVAIL

La main-d'oeuvre employée dans la palmeraie est constituée du personnel temporaire. La méthode d'organisation du travail consiste en la définition des tâches journalières par personne, selon l'activité à exercer. Le travail est donc exprimé en nombre de personnes indépendamment de la fraction du temps utilisée (BUBLOT, 1982-1983).

La programmation des activités et l'utilisation de la main-d'oeuvre ne tiennent plus compte de ces normes c'est-à-dire de la tâche journalière pour chaque activité. Chaque ouvrier décide de la quantité de travail à prester par journée de travail. Le danger de cette nouvelle pratique est que les travailleurs peuvent, de façon délibérée, réaliser des rendements médiocres, ce qui ralentirait l'avancement du travail.

On peut cependant constater que le calcul du rapport superficie moyenne par ouvrier par jour (superficie/ouvrier/jour), pour chaque activité, donne des valeurs intéressantes, signalant une assez bonne productivité individuelle de la main-d'oeuvre. En effet, si on considère comme tâche journalière (quantité de travail exigée par personne par jour de prestation) ces moyennes, qui varient d'ailleurs très peu (0,54ha ± 0,02 en rabattage manuel; 0,44ha ± 0,07 en désherbage manuel ; 0,45ha ± 0,02 en alignement des feuilles ; 0,46ha ± 0,1 en élagage, uniquement la coupe et le toilettage ; 3,10ha ± 0,64 en coupe des régimes ; 3,52 ± 0,50 en portage des régimes), on s'aperçoit qu'elles s'inscrivent dans les différents intervalles des exigences en travail estimées par CORLEY et TINKER (2003), ANONYME (2008c), de même que ceux proposées par JACQUEMARD (1998) et RANKINE et FAIRHURST (1998), lorsqu'on convertit en quantité de travail journalier d'un ouvrier (c'est-à-dire l'équivalent d'un HJ) ces normes d'exigences qu'ils recommandent. En effet, les résultats de ces auteurs oscillent entre 0,2 – 6 HJ/ha (en rabattage manuel) ; 1,83 – 3,8 HJ/ha (en désherbage manuel) ; 0,3 – 5,4 HJ/ha (en élagage) et 0,75 – 8,5 HJ/ha (en récolte). Les retards observés dans les différentes tâches ne seraient dès lors imputables à une paresse de la part des travailleurs, mais plutôt à leur faiblesse en nombre limité d'éléments.

4.2.3. FREQUENCES DE PASSAGES

4.2.3.1. *TOUR DE RABATTAGE*

Les résultats, extrapolés sur toute l'année sans tenir compte des changements et autres activités importantes comme le ramassage des fruits détachés susceptibles d'intervenir au cours de l'année, montrent que le tour de rabattage est supérieur à 1 tour annuel recommandé par certains auteurs, notamment JACQUEMARD (1995) et RAEMAEKERS (2001).

4.2.3.2. *TOUR DE DESHERBAGE MANUEL*

Le résultat de 0,05 tour mensuel en moyenne ne permet pas de réaliser trois tours annuels en désherbage manuel (JACQUEMARD, 1995), puisque cette valeur, extrapolée sur 12 mois ne correspond à peu près qu'à 0,5 tour annuel Des pertes relativement grandes peuvent être enregistrées dans ces conditions, car l'herbe, envahissant les ronds, cache les premiers fruits détachés, qui indiquent la présence de régimes mûrs, et rend difficile la collecte des fruits détachés après la coupe des régimes. Cette situation est une cause de la coupe des régimes non matures (ou à peine entrés en maturité) par les récolteurs. En effet, ces derniers, n'ayant plus de repères (ronds envahis d'herbes) pour déceler la présence des régimes murs, viennent à confondre un régime mûr à un régime vert.

4.2.3.3. TOUR D'ELAGAGE

L'élagage est réalisé au rythme de 0,94 tour par an en moyenne. Cette fréquence se situe en deçà de la norme d'1 tour tous les 8 à 12 mois (JACQUEMARD, 1995) ou celle de 1,5 à 2 tours par an (RAEMAEKERS, 2001). Des retombées relevées par Dubos (1993) sont inévitables dans ces conditions : le travail devient très difficile, exigeant en main-d'œuvre donc extrêmement coûteux. Un palmier élagué a coûté cinq cents francs CFA, lors de la réhabilitation de Makouké 81, où les arbres étaient restés plusieurs années sans être élagués.

Aussi, lorsque les couronnes sont très fermées, il arrive souvent que les fruits, détachés des régimes murs présents dans les couronnes, n'atteignent plus le sol. Le récolteur peut alors facilement passer sous l'arbre sans repérer les régimes mûrs pourtant existant dans la couronne. Cela se traduit par la présence d'un nombre important de régimes pourris sur les palmiers, tel que cela peut être constaté au niveau de la palmeraie.

4.2.3.4. TOUR DE RECOLTE

Le rythme de récolte actuellement tenu à Makouké (1,12 ± 0,11 tours mensuels) est faible comparé aux résultats de 2 à 4 tours lorsque la production est soutenue et 1,5 à 2 tours lorsqu'elle est plus faible (JACQUEMARD, 1995). RAEMAEKERS (2001), sans distinguer les périodes de production, donne une fréquence de passage de 2 à 3 tours mensuels. Fort de ces données, nous concluons que le tour de récolte accuse du retard qui cause des dommages sur la production. Une grande partie de la production est récoltée à maturité avancée, et par conséquent exposée aux préjudices causés par le processus chimique d'acidification de l'huile contenue dans le mésocarpe. Aussi, la proportion des fruits détachés augmente, et par là même les coûts de la récolte.

4.2.4. RENDEMENT DE LA RECOLTE

La productivité journalière d'un ouvrier employé en récolte varie plus ou moins fortement au cours de l'année. Le rendement moyen journalier d'un chargeur (10,97 ± 4,74 tonnes) est en hausse par rapport à ceux donnés par DUBOS (5,08 – 7,26 tonnes) en 1993. Les rendements en coupe (1,35 ± 4,74 tonnes) et sortie (1,70 ± 4,74 tonnes) des régimes par contre s'arriment aux résultats de RAEMAEKERS (2001), RANKINE et FAIRHURST (1998), ainsi qu'aux conclusions des travaux de JACQUEMARD (1995) et CORLEY et TINKER (2003). En effet, l'ensemble des résultats ces auteurs est inscrit dans l'intervalle 0,87 – 5,5 tonnes. Cette productivité journalière par récolteur semble être en liaison avec les différentes périodes de production de la palmeraie. Les données obtenues en période de faible production sont plus faibles, par rapport à celles observées en période de pointe. Cette réalité permet de conclure avec RAEMAEKERS (2001) que « la tâche journalière varie en fonction du rendement et des distances à parcourir par le récolteur ». La productivité du travail dépend également de l'âge des palmiers, car lorsque les arbres vieillissent, la production décroît ; les palmiers de Makouké sont déjà à un âge avancé (24 à 27 ans).

4.2.5. REGULARITE DE LA MAIN-D'OEUVRE

Les résultats montrent que les ouvriers ne sont pas régulièrement en activité et aussi que le taux d'absentéisme (19,24 ± 10,94% pour l'équipe d'entretien et

28,42 ± 8,92% pour le groupe des récolteurs) varie plus ou mois fortement d'une période à une autre. Cette variation empêche donc de traiter le travail comme une unité homogène sur toute l'année (REBOUL, 1988). Ces fluctuations de l'effectif du personnel prestataire doivent constituer l'objet d'une attention toute grande lors de l'établissement du plan de production et l'organisation des travaux. Dans ces conditions d'instabilité de l'effectif des travailleurs, les travaux de MERIN (2001) s'avèrent intéressants dans la mesure où ils suggèrent d'identifier les besoins réels en main-d'oeuvre à court terme et à moyen terme. Le comportement décelé chez les récolteurs montre que ces derniers sont beaucoup plus réguliers au travail durant la période de haute production.

CONCLUSION ET RECOMMANDATIONS

CONCLUSION

La main d'oeuvre exécutant les travaux courants constitue un maillon essentiel du système de production de la palmeraie de Makouké. Car, toute la machine de production en plantation est basée sur la force de travail humaine, étant donné que l'unique opération mécanisée est celle du transport des régimes à l'huilerie. Son effectif global de 320 travailleurs — dont 31 encadreurs et 289 exécutants, avec des taux d'absentéisme variant entre 8,49 – 30,37 %, pour l'équipe d'entretien et 18,36 – 35,38 %, pour l'équipe des récolteurs — traduit une certaine rareté en main-d'oeuvre dans la zone d'exploitation et fait naître un déficit qui constitue un handicap entraînant des difficultés de fonctionnement du système productif de la palmeraie, avec des répercussions sur la production.

Les résultats obtenus montrent une productivité du travail assez satisfaisante. Mais du fait du faible nombre des travailleurs, on enregistre des retards relativement élevés dans la progression (fréquences de passage) des différentes activités.

Ces retards causent des dommages sur la production, notamment sur la durée des régimes aux parcs de collecte qui se prolonge, entraînant ainsi une chute de leur poids moyen et les risques de perte et de dépréciation de la qualité de l'huile par le processus chimique d'acidification. Le retard de la récolte (1,12 ± 0,11 tour mensuel) provoque une augmentation de la proportion des fruits détachés (291,48 tonnes en septembre et octobre) et accroît les coûts de la récolte. Le retard en désherbage manuel (0,05 ± 0,04 tour mensuel, équivalant à 0,57 tour annuel) rend difficile le ramassage des fruits détachés et constitue une cause de la coupe des régimes verts. Le retard accusé en élagage (0,08 ± 0,02 tour mensuel, soit environ 0,94 tour annuel) se traduit dans la palmeraie par la présence d'un nombre élevé de régimes pourris dans les couronnes des palmiers.

RECOMMANDATIONS

Pour un meilleur suivi du calendrier cultural dans la palmeraie de Makouké, les recommandations suivantes constituent une solution à envisager.

1/ Une étude étalée sur toute l'année, intégrant tous les paramètres de gestion et d'utilisation de cette main-d'oeuvre, les différentes périodes de production, pourrait permettre d'avoir une idée assez claire du niveau d'impact de ce facteur de production dans la palmeraie de Makouké.

Pour les besoins en main-d'oeuvre : en tenant compte des valeurs moyennes des rapports superficie/ouvrier/jour et du taux d'absentéisme, dans les différents groupes, il faudrait :

2/ pour l'entretien de la palmeraie (rabattage, désherbage manuel, etc.), une équipe de 220 personnes[18] ;

3/ pour la récolte des régimes (coupe, portage, chargement), un groupe de 339 récolteurs au total, dont 138 coupeurs, pour atteindre la fréquence de 2 à 3 passages par mois en récolte et réaliser un tour d'élagage tous les 8 à 12 mois. Il faudrait alors programmer 5 jours d'élagage et 21 jours de récolte par mois, si l'on considère 26 jours de pleine activité dans le mois. Les 189 autres seront composés de 132 porteurs (40 à Makouké 82 et 35 à Makouké 83/84) et 57 chargeurs.

---

[18] La méthode de calcul de l'estimation de la main-d'oeuvre nécessaire est donnée en annexe 4.f/, p.107.

4/ Lors du comptage parcellaire visant l'estimation de la production, procéder en même temps au comptage des régimes pourris présents dans les couronnes et aux pieds des arbres, et utiliser la même méthode de calcul pour avoir une valeur approximative des pertes enregistrées après une campagne de production.

5/ Il serait intéressant de comparer, selon les niveaux d'entretien, les productions des différents blocs ou parcelles afin de mesurer l'impact réel des différentes opérations d'entretien sur la production de la palmeraie.

6/ Il est indispensable de définir les tâches journalières (quantité de travail par personne par jour) dans chaque activité et d'exécuter les travaux sur ces normes. Ceci permet de faire avancer le travail en plantation et de mieux organiser les activités. On pourrait cependant ne pas limiter le travail à la tâche du jour, mais que le minimum réalisé par chaque travailleur présent corresponde au contrat journalier.

7/ On pourrait implanter, pour les différentes tâches prises individuellement, des projets de recherche utilisant des stimulants (quelques avantages, salaires attrayants, types de contrat, cotisations à la CNSS, …), pour déterminer l'emploi optimum de la main-d'oeuvre.

8/ Mettre une politique d'encouragement des travailleurs en place (des primes de rendement, par exemple) afin de réduire le taux d'absentéisme.

9/ Au niveau de la récolte, il convient d'utiliser le résultat de l'estimation de la production (qui doit être réalisée avec soin) pour exprimer les besoins réels en main-d'oeuvre et de définir le rendement moyen optimum à exiger à chaque ouvrier récolteur.

REFERENCES BIBLIOGRAPHIQUES

1. ANONYME (2000) *Code du travail du Gabon*. Loi n° 3/94 du 21 novembre 1994 portant code du travail. Modifiée par la Loi n° 12/2000 du 12 octobre 2000. p. 7, 44.

2. ANONYME (2002) *Mémento de l'agronome*. Jouve, 11, bd de Sébastopol, 75001 Paris, N° 312091Y.

3. ANONYME (2006) *Giving help to the Neediest. La religion que Dieu notre Père accepte comme pure et sans défaut est celle-ci : aider les orphelins et les veufs en détresse.* Help Channel Burundi. p. 12

4. ANONYME (2008a) *SIAT Gabon : Plantations. Société d'investissement pour l'agriculture tropicale.*

5. ANONYME (2008b) *Productivité et rendement.* PmWiki. Licence Creative commons.

6. ANONYME (2008c) *Culture du palmier à huile.* Idealist.org/fr/ materials/ 83581-259.

7. BAUTIER, P. (2004) *Le revenu agricole réel par actif en hausse de 3,3 % dans l'UE 25 : premières estimations pour 2004.* Eurostat – Bâtiment BECH L-2920 Luxembourg. p. 2.

8. BONNEVIALE, J.R., LE GUEN, R., BROSSIER, J., MARSHALL, E., FERRIE, H., SCHOST, C., FREMONT, J.-M., VINCQ, J.L. (1998) *L'exploitation agricole*. Ed Nathan, 1998, 9 rue Méchain, 75004 Paris.

9. BOUSSOUGOU, J.B. (1996) *Le complexe agroindustriel de Makouké (CAIM)*. Rapport de stage, Ecole nationale de développement rural d'Oyem, Ministère de l'Agriculture et de l'Elevage de l'Economie et du Développement, p.2-3.

10. BUBLOT, G. (1974) *Economie de la production agricole*. Muntstraat 10-3000 Louvain/Belgique, 21 rue de Dammarie – 77240 cession/France. p.7

11. BUBLOT, G. (1982-1983) *Economie et gestion de l'exploitation agricole*. Université Catholique de Louvain. Faculté des sciences économiques. Volume 1.p. 101-113.

12. CHEYNS, E. (2004) *La qualité de l'huile de palme rouge sur deux marchés : Yaoundé et Abidjan*. Centre de Coopération Internationale en Recherche Agronomique pour le Développement (CIRAD).

13. CORDONNIER, P., CARLES, R., MARSAL, P. (1970) *Economie de l'entreprise agricole*. Cujas. p. 216, 400.

14. CORLEY, R.H.V. & TINKER, P.B. (2003) *The Oil Palm, fourth edition*. World Agriculture Series. Blackwell Publishing, p. 296-297.

15. DAVIDSON, L. (1993) *Management for efficient, cost-effective and productive oil palm plantations*. In: Proc. 1991 PORIM International Palm Oil Conference – Agriculture (Ed. By Y. Barison et *al.*).

16. DUBOS, B. (1993) *AGROGABON : visite du complexe agroindustriel de Makouké (CAIM). Mission du 14 au 24 avril 1993*. AGROGABON, Doc. CP47. p. 2-3, 8-9.

17. ENCARTA (2008a) *Ressources humaines*. Microsoft ® Encarta.

18. ENCARTA (2008b) *Travail temporaire*. Microsoft ® Encarta.

19. ENCARTA (2008c) *Travail, durée du*. Microsoft ® Encarta.

20. ENCARTA (2008d) *Travail, division du*. Microsoft ® Encarta.

21. JACQUEMARD, J.C. (1995) *Le palmier à huile.* Collection Le Technicien d'Agriculture Tropicale. Ed Maisonneuve & Larose, 15 rue Victor-Cousin F75005 Paris.

22. JACQUEMARD, J.C. (1998) *Oil palm*. Macmillan Education, London. p. 7-10, 12.

23. KINDELA, J. (2008) *L'huile de palme une réelle source de développement pour notre pays (République Démocratique du Congo, RDC)*. Congo vision .com/science/kkt.

24. LIBENDE, M.C. (1994) *Entretien des palmiers par les tâcherons : effets socio-économiques*, Mémoire de fin de cycle, Département génie agricole, Ecole Polytechnique, Université des sciences et techniques de Masuku (USTM), p.1-2.

25. MBETID-BESSANE, E. et GAFSI, M. (2002) *Faiblesse de la maind'œuvre familiale et diversification des activités dans les exploitations agricoles de la zone cotonnière en Centre-Afrique : Quel enseignement pour le conseil de gestion aux agriculteurs ?* Actes de colloque, 27-31 mai 2002, Garoua, Cameroun.

26. MERIN, S. (2001) *Améliorer la gestion de l'emploi en agriculture par une action sur le travail.* Compte rendu du congrès SELF-ACE 2001- Les transformations du travail, enjeux pour l'ergonomie. Laboratoire d'ergonomie des systèmes complexes. Université Victor Segalen Bordeaux 2, 146, rue Léo Saignat Bordeaux cedex, France.

27. PINA, M., NOEL, J-M., BAREA, B., PIOMBO, G., VILLENEUVE, P., GRAILLE, J. (2005) *Huile de palme rouge de Colombie : une équivalent tropical de l'huile d'olive.* Oléagineux, Corps gras, Lipides, vol. 12, n° 2, 180-2, mars –avril 2005. John Libbey Eurotext, Editions médicales et scientifiques France.

28. RAEMAEKERS, R.H. (2001) *Agriculture en Afrique tropicale.* Direction Générale de la Coopération Internationale (D.G.C.IC), rue des Petits carmes, 15 karmelietenstraat 15, B-1000 Bruxelles, Belgique. pp. 825.

29. RANKINE, I.R. et FAIRHURST, T.M. (1998) *Field handbook* – Oil palm series, vol. 3. Mature.Potash and Phosphate Inst., Singapore. p. 8, 10, 11.

30. REBOUL, C. (1988) *Les jours disponibles pour les façons culturales, données de base pour le choix des équipements.* In hommage à Claude Reboul, Inra, Paris. p. 85-90.

31. SOSSU, P. et HOUNDONOUGBO, M. D. (2001) *Etude de faisabilité de l'irrigation de périmètre maraîcher par énergie solaire.* Ministère du Développement Rural, Projet de Microfinance et de Commercialisation (PROMIC). p. 10.

32. TCHAYANOV, V. A. (1924) *L'organisation de l'économie paysanne.* Traduction française d'Alexis Berelowitch (1990), Ed. Librairie du regard, Paris.

33. WIKIPEDIA (2008) *Les consommations intermédiaires.*

ANNEXES

Annexe 1 : Localisation des différents sites d'exploitation de SIAT à travers le Gabon

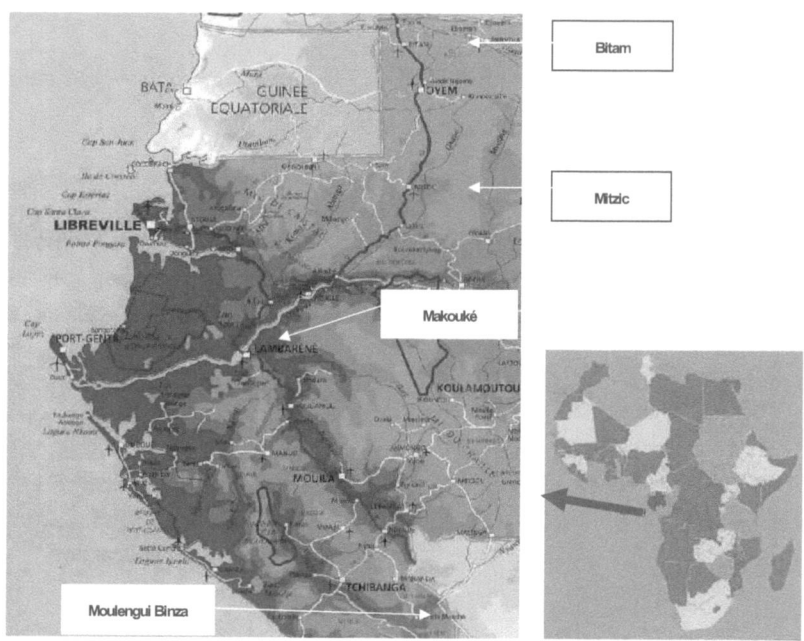

Source : Direction études et développement (bureau de Libreville) de SIAT Gabon.

Contacts

SIAT Gabon, société anonyme de droit gabonais, a son siège social à Libreville :

- Boulevard de l'indépendance, Bord de mer, Rue du Camp de police
- B.P : 3928 Libreville (Gabon)
- Téléphone : (+241) 722216
- Télécopieur : (+241) 722217
- E-mail : info@siatgabon.com
- Site web : www.siatgabon.com

Source : Direction Etudes et Développement (bureau de Libreville) de SIAT Gabon.

Annexe 2 : Carte de la plantation de Makouké

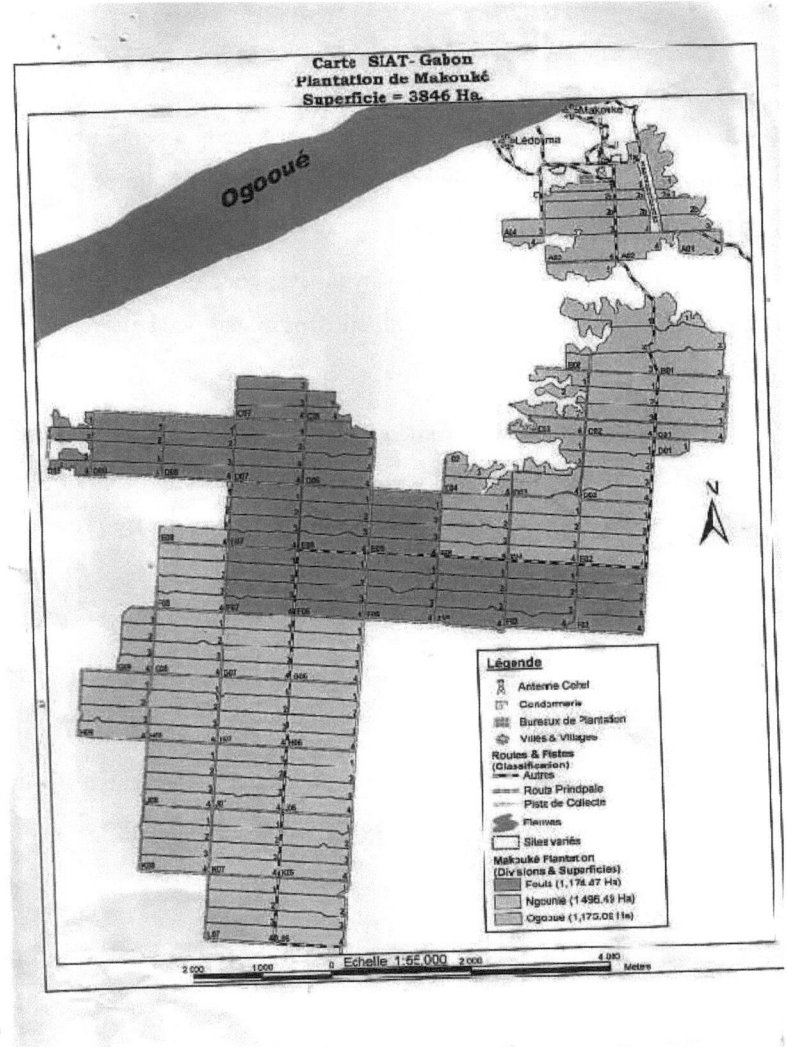

Source : Département agronomique du CAIM, bureau du Chef de plantation Makouké.

Annexe 3 : Le code du travail du Gabon

Article 23 : Le contrat de travail à durée déterminée est une contrat portant un terme certain, fixé d'avance et d'accord parties. Il est obligatoirement écrit. Sa durée ne peut excéder deux ans. Il ne peut être renouvelé qu'une fois.

Toutefois, des contrats de courte durée peuvent être conclus et renouvelés plus d'une fois, à condition que leur durée totale ne dépasse pas deux ans.

Article 24 : Lorsque le contrat à durée déterminée, arrivé à terme, se poursuit par la volonté, même tacite, des parties, cette prolongation confère au contrat le caractère de contrat à durée indéterminée, nonobstant toute clause prohibant la tacite reconduction.

Article 165 : […] Dans toutes les entreprises agricoles et assimilées, les heures de travail sont basées sur 2400 heures pour l'année.

Dans tous les établissements publics ou privés, même d'enseignement ou de bienfaisance, la durée légale du travail ne peut excéder quarante heures par semaine.

Source : Anonyme (2000) Code du travail du Gabon. Loi n° 3/94 du 21 novembre 1994 portant code du travail. Modifiée par la Loi n° 12/2000 du 12 octobre 2000.

Annexe 4 : Analyses statistiques

a/ Effectifs moyens journaliers des coupeurs et des porteurs

	Coupe	Portage	Total marginal général
juin	54	52	
juillet	60	53	
août	78	54	
Totaux marginaux	192	159	351
Moyennes	64 Yc	53 Yp	

Anova

Variations	dl	SCE	CME	Fobs	Fisher 5%
Effectif	1	181,5	181,5	2,312	7,71
Erreur	4	314	78,5		
Total	5	495,5			

t = 2,776   ppds = 20,08   Yp < Yc

Application du test: Yc − Yp = 64 − 53 = 11 < ppds : le test est non significatif, c'est-à-dire les effectifs moyens journaliers en coupe de régimes ne sont pas significativement différents des effectifs moyens journaliers en portage des régimes.

b/ Superficies moyennes journalières en coupe et portage

	Coupe	Portage	Total marginal général
juin	191,81	191,81	
juillet	204,78	194,08	
août	184,09	171,94	
Totaux marginaux	580,68	557,83	1138,51
Moyennes	193,56 Yc	185,94 Yp	

Anova

Variations	dl	SCE	CME	Fobs	Fisher 5%
Effectif	1	87,02	87,02	0,675	7,71
Erreur	4	515,348	128,837		
Total	5	602,368			

t = 2,776   ppds = 25,727   Yp < Yc

Application du test: Yc − Yp = 193,56 − 185,94 = 7,61 < ppds : le test est non significatif. Les superficies moyennes journalières en coupe des régimes diffèrent très peu de celles en portage des régimes.

c/ Superficies moyennes par ouvrier par jour en coupe et portage

	Coupe	Portage	Total marginal général
juin	3,53	3,69	
juillet	3,402	3,685	
août	2,356	3,182	
Totaux marginaux	9,288	10,557	19,845
Moyennes	3,1 Yc	3,52 Yp	

Anova

Variations	dl	SCE	CME	Fobs	Fisher 5%
Effectif	2	0,701	0,3505	2,641	5,14
Erreur	6	0,7962	0,1327		
Total	8	1,4972			

t = 2,776   ppds = 1,133   Yc < Yp

Application du test: Yp – Yc = 3,52 – 3,10 = 0,42 < ppds : le test est non significatif. La superficie moyenne parcourue par un porteur de régime en une journée diffère très peu de celle parcourue par un coupeur de régimes.

d/ Rendements moyens journaliers en coupe, portage et chargement des régimes

	Coupe	Portage	Chargement	Total marginal général
juin	37,01	36,98	37,58	
juillet	54,96	52,76	54	
août	111,47	97,4	102,25	
septembre	155,39	137,8	140,28	
octobre	168,37	141,32	129,8	
Totaux marginaux	527,2	466,26	463,91	1457,37
Moyennes	105,44 Yc	93,25 Yp	92,78 Ych	

Anova

Variations	dl	SCE	CME	Fobs	F 5%
Main d'œuvre	2	514,988	257,494	0,099	3,26
Erreur	12	31108,186	2592,348		
Total	14	31623,174			

$t = 2,179$ ppds = 70,167   Ych < Yp < Yc

Application du test: Yp − Ych = 93,25 − 92,78 = 0,47 < ppds : les rendements moyens journaliers en portage des régimes ne sont pas significativement différents de ceux en chargement des régimes.

$Y_c - Y_p = 105,44 - 93,25 = 12,19 <$ ppds : les rendements moyens journaliers en coupe des régimes ne sont pas significativement différents de ceux réalisés en portage des régimes.

e/ Rendements moyens journaliers d'un ouvrier en coupe, portage et chargement des régimes

	Coupe	Portage	Chargement	Total marginal général
juin	0,68	0,72	8,13	
juillet	0,92	1	10,33	
août	1,43	1,81	11,88	
septembre	1,91	2,42	13,02	
octobre	1,83	2,53	11,44	
Totaux marginaux	6,77	8,48	54,8	70,05
Moyennes	1,35 Y_c	1,7 Y_p	10,96 Y_{ch}	

Anova

Variations	dl	SCE	CME	Fobs	F 5%
Main d'œuvre	2	297,023	148,511	101,37	2,27
Erreur	12	17,58	1,465		
Total	14	314,603			

t = 2,179   ppds = 5,778 $Y_c < Y_p < Y_{ch}$

Application du test: Yp − Yc = 1,70 − 1,35 = 0,35 < ppds : le rendement moyen journalier d'un porteur de régimes n'est pas significativement différent de celui d'un coupeur de régimes.

Ych − Yp = 10,96 − 1,70 = 9,26 > ppds : le rendement moyen journalier d'un ouvrier chargeur de régimes est significativement différent de celui d'un ouvrier porteur de régimes.

Essai : Monofactoriel

Dispositif : Complètement aléatoire

Facteur : Main-d'œuvre

Modalités : * 2 modalités pour les expériences a/, b/ et c/ : - équipe des coupeurs ;

- équipe des porteurs

* 3 modalités pour les expériences d/ et e/ : - équipe des coupeurs ;

- équipe des porteurs ;

- équipe des chargeurs

Répétitions : * 3 répétitions pour les expériences a/, b/ et c/ : juin, juillet et août.

* 5 répétitions pour les expériences d/ et e/ : juin, juillet, août, septembre et octobre.

Hypothèse : - Ho : Des différences d'effectifs entre les trois équipes ne se traduisent pas par des variations au niveau des rendements.

- Ha : Les différences d'effectifs entre les trois équipes sont marquées par des écarts sur les rendements.

f/ Formules de calcul

Degré de liberté (dl) : - dlm.o = $a - 1$ a : niveaux du facteur Main d'oeuvre

- dlerreur = $a(r - 1)$ r: répétition

- dltotal = $ar - 1$

Terme correctif (TC) = $Y^2_{..} / ar$

SCEm.o = $(Y^2_{i.} / r) - TC$

$SCE_{total} = \sum_{i=1}^{a} \sum_{j=1}^{r} Y^2_{ij} - TC$

$CME = SCE / dl$

$F_{obs} = CME_{m.o} / CME_{erreur}$

$ppds = t \sqrt{(2*CMEe)/n}$ n= nombre d'observations pour chaque modalité

   CMEe = carré moyen des écarts associé à l'erreur

   t = valeur théorique lue sur la table de Student bilatérale au seuil choisi et au degré de liberté de l'erreur

$D = R*ppds$ R = valeur théorique lue sur une table au seuil de signification choisi pour le degré de liberté de l'erreur et la position relative des moyennes sur l'axe rangé

Ecart-type = $\sqrt{variance}$

Variance = $[1/(n-1)] [\sum X_i^2 - (1/n)((\sum X_i)^2)]$

Taux d'absentéisme = [(effectif théorique – effectif présent)/effectif théorique] *100

Tour = surface travaillée/superficie totale

Rendement d'un HJ récolteur = tonnage journalier/effectif

   Estimation de la main d'œuvre :

Superficie moyenne journalière = Effectif moyen journalier / Densité moyenne de travail

Durée nécessaire pour un passage = Superficie totale / Superficie moyenne journalière

Oui, je veux morebooks!

i want morebooks!

Buy your books fast and straightforward online - at one of world's fastest growing online book stores! Environmentally sound due to Print-on-Demand technologies.

Buy your books online at
www.get-morebooks.com

Achetez vos livres en ligne, vite et bien, sur l'une des librairies en ligne les plus performantes au monde!
En protégeant nos ressources et notre environnement grâce à l'impression à la demande.

La librairie en ligne pour acheter plus vite
www.morebooks.fr

VDM Verlagsservicegesellschaft mbH
Heinrich-Böcking-Str. 6-8   Telefon: +49 681 3720 174   info@vdm-vsg.de
D - 66121 Saarbrücken   Telefax: +49 681 3720 1749   www.vdm-vsg.de

Printed by Books on Demand GmbH, Norderstedt / Germany